中・高生からの 超絵解本

大地、海、空、そして宇宙

ぎゅぎゅっと地学

ダイナミックで壮大な地球のサイエンス

はじめに

私たち人間をはじめ，数多くの生命が暮らす地球。緑豊かな大地があり，広大な海と空があります。そこでは風が吹いたり，雨が降ったり，大地が揺れたり，山が噴火したりと，さまざまな現象がおきています。そうした地球の活動や，周囲をとりまく宇宙について知る学問，それが「地学」です。地学というと，地層や大陸といったことばをまっ先に思い浮かべるかもしれませんが，実はこんなにも幅広い内容をあつかう学問なのです。

実は近年，地学の知識がこれまで以上に重要視されています。地球温暖化や異常気象といった環境問題，持続的なエネルギー資源の問題，大きな被害をもたらす台風や地震といった自然災害の問題など，地球環境の変化が私たちの暮らしに大きな影響をおよぼすようになっているからです。

本書は，地球の構造やプレートの運動，山の成り立ちや地震と火山のメカニズム，大気と海洋の循環や天気，宇宙や太陽系の成り立ちといった，地学の基本的な内容をぎゅぎゅっと凝縮した１冊です。基本的な知識が身につくことはもちろん，地学の奥深さやおもしろさも実感できるようになっています。ときに繊細で，ときにダイナミックな地球のサイエンスを，たっぷりとご堪能ください。

2 「山や谷，洞窟」はどうやってできるのか

3 暮らしにかかわる「地震」と「火山」

4 生命の存在に欠かせない「大気」と「海洋」

5 宇宙誕生と壮大な地球の歴史

1

私たちの住む「地球」の姿にせまる

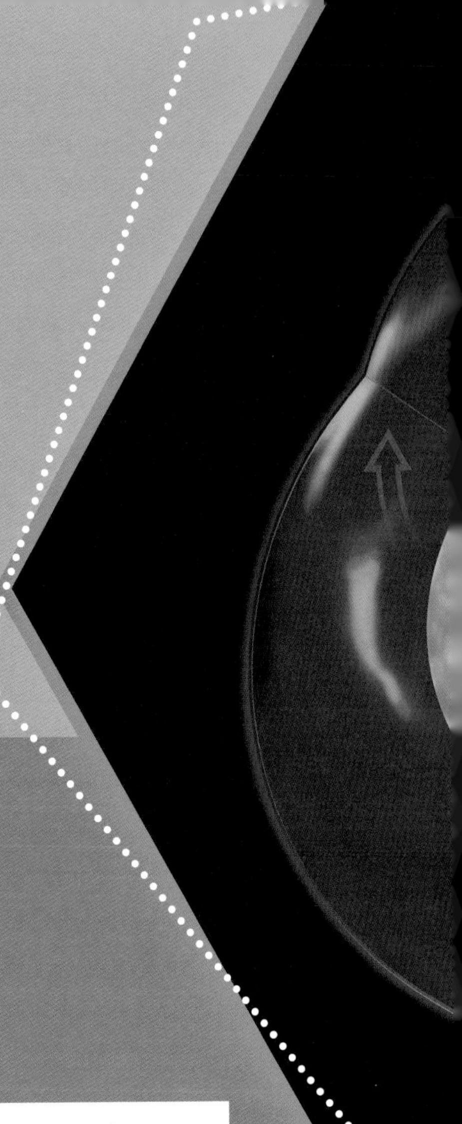

私たちが暮らすこの地球は，今この瞬間もダイナミックに活動しつづけています。地震や火山活動，大気の運動といった地球の営みや，それをとりまく宇宙について知る学問が「地学」です。この章では，地球内部の構造やプレート運動についてみていきましょう。

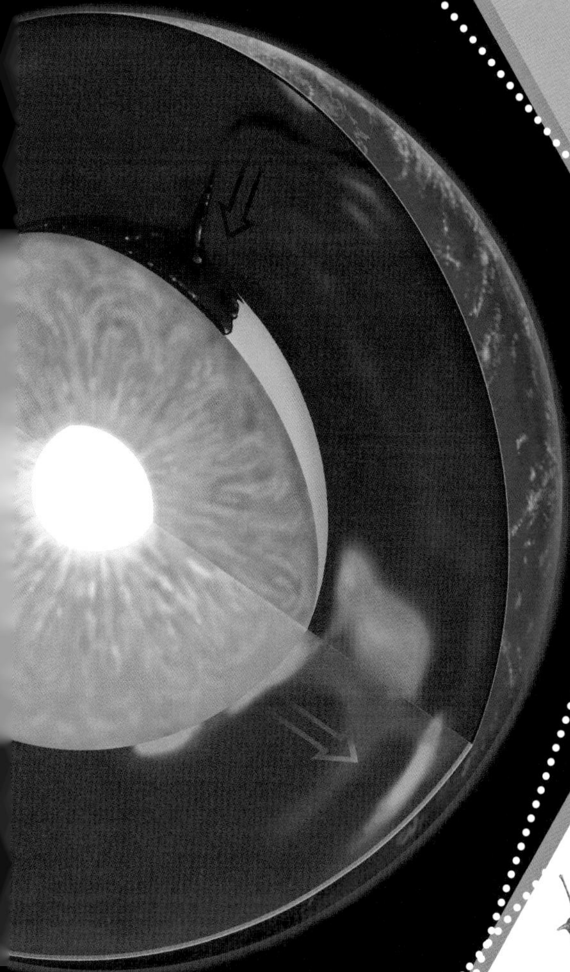

地球の中心部は超高圧で超高温！

地球の内部構造は，大きく分けると地殻，マントル，核の3層構造になっています。地表から地球の中心までの距離はおよそ6400キロメートルあり，このうち核は中心からおよそ3500キロメートルを占めます。その外側を厚さ2900キロメートルのマントルがおおい，その外側の数～数十キロメートルの厚さの部分が地殻です。なお，マントルは上部マントルと下部マントルに，核は外核と内核に分けることができます。こうした内部構造のうち，外核だけが液体とみられています。

地殻，マントルはともに二酸化ケイ素を主成分とする岩石でできており，二酸化ケイ素の割合は地殻では55%，マントルでは45%を占めているとみられています。これに対し，核は90%を鉄が占めているとされています。**地球の中心部はおよそ400万気圧，6000℃に達します。地球内部の圧力と温度は，深部になるにしたがって高くなっていきます**。密度は，圧力の増加によってマントルと核の中ではゆるやかに増加しますが，マントルと核の境では岩石から金属鉄に物質が変わるためほぼ2倍にはね上がります。

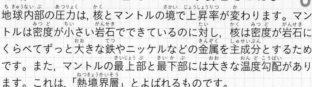

深度3000キロでの圧力は100万気圧をこえる

地球内部の圧力は，核とマントルの境で上昇率が変わります。マントルは密度が小さい岩石でできているのに対し，核は密度が岩石にくらべてずっと大きな鉄やニッケルなどの金属を主成分とするためです。また，マントルの最上部と最下部には大きな温度勾配があります。これは，「熱境界層」とよばれるものです。

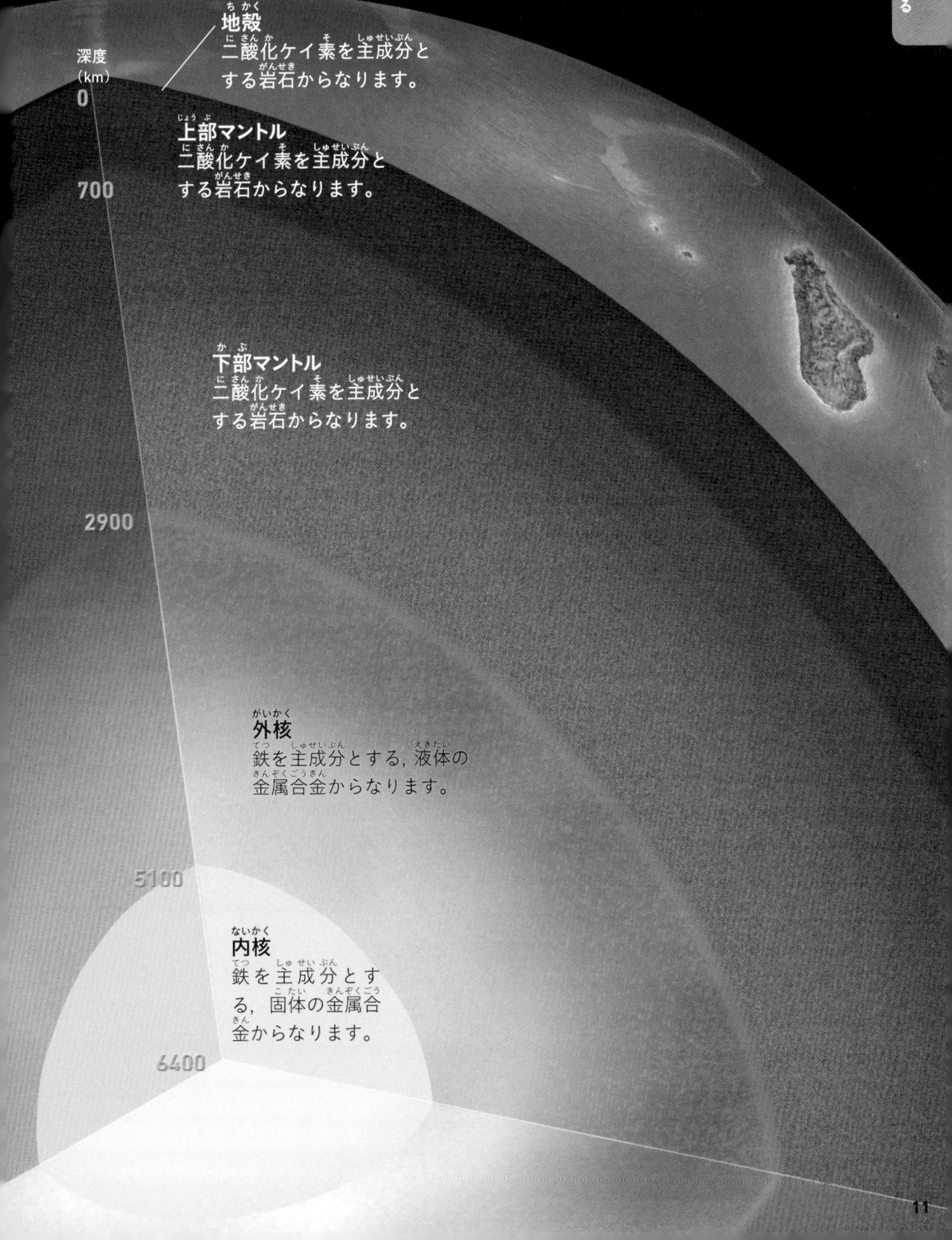
地殻
二酸化ケイ素を主成分とする岩石からなります。
深度（km）
0
上部マントル
二酸化ケイ素を主成分とする岩石からなります。
700
下部マントル
二酸化ケイ素を主成分とする岩石からなります。
2900
外核
鉄を主成分とする，液体の金属合金からなります。
5100
内核
鉄を主成分とする，固体の金属合金からなります。
6400

マントルの動きが，地球内部の熱を外に逃がす

熱いものは密度が小さく軽い。一方，冷たいものは密度が大きく重い。このため，空気や水などの流れやすい物質（流体）に温度差があると，高温のものは上へ，低温のものは下へ移動します。このように上昇流と下降流がおきる現象は「対流」とよばれます。温度差があまりないときには熱が移動し，流体は動きません。しかし，温度差が大きい場合には，流体自体が動いて熱が効率よく運ばれます。

地球の中心部は6000℃もの高温です。一方，地表では気温や海の水温と同じ温度にまで冷やされています。**このため，マントルは対流し，地球内部の熱は外部へ逃がされます**。

現在のマントルはほぼ固体の岩石で，地震のように急激に加わる力に対しては，固体としてふるまいます。しかしマントルは高温高圧にさらされています。非常に長い時間のスケールでみると，やわらかい流体としてふるまい，対流しているのです。その速度は非常にゆっくりとしたもので，年間1～10センチメートル程度といいます。

アフリカ大陸の下の熱い上昇流

この上昇流によって，アフリカ大陸も将来「大陸分裂」をおこすかもしれません。

地球内部の対流

このページのイラストでは，「地震波トモグラフィー」という技術によって明らかにされた地球内部の対流のようすがえがかれています。日本の地下には，日本海溝から沈みこんだ冷たいプレートが，アフリカ大陸と南太平洋の下には，巨大な熱い上昇流があることがわかっています。ほかの地域でもさまざまな上昇流，下降流の存在が明らかにされています。

なべの中でおきる対流

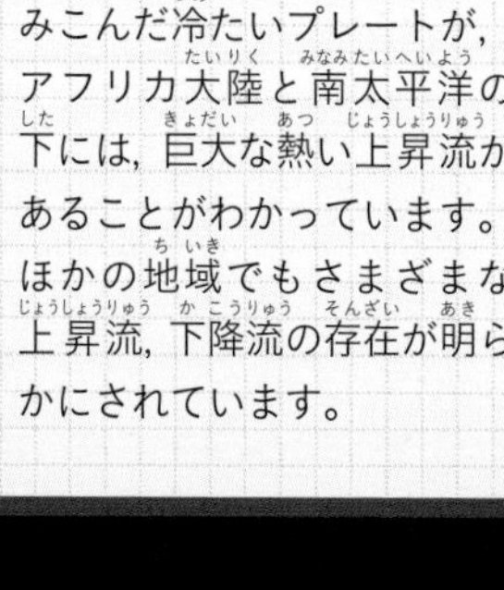

なべの底で加熱された水は，膨張して軽くなり，上昇します。水面の冷たい水は熱い水より重たいために沈みこみます。

外核の直上に横たわるスラブ※

密度の高い外核の直上に，崩落してきたスラブが横たわっています。スラブに含まれる放射性物質の崩壊熱や核によって暖められたスラブは，膨張して軽くなり，上昇流になると考えられています。

崩落するスラブ

深さ660キロメートルにたまったスラブは，マントル中を落下してマントルの最下部に達します。

滞留する沈みこんだプレート（スタグナントスラブ）

密度のちがいにより，沈みこんだプレート（スラブ）は，深さ660キロメートルほどの場所で滞留しています（くわしくは24ページ）。

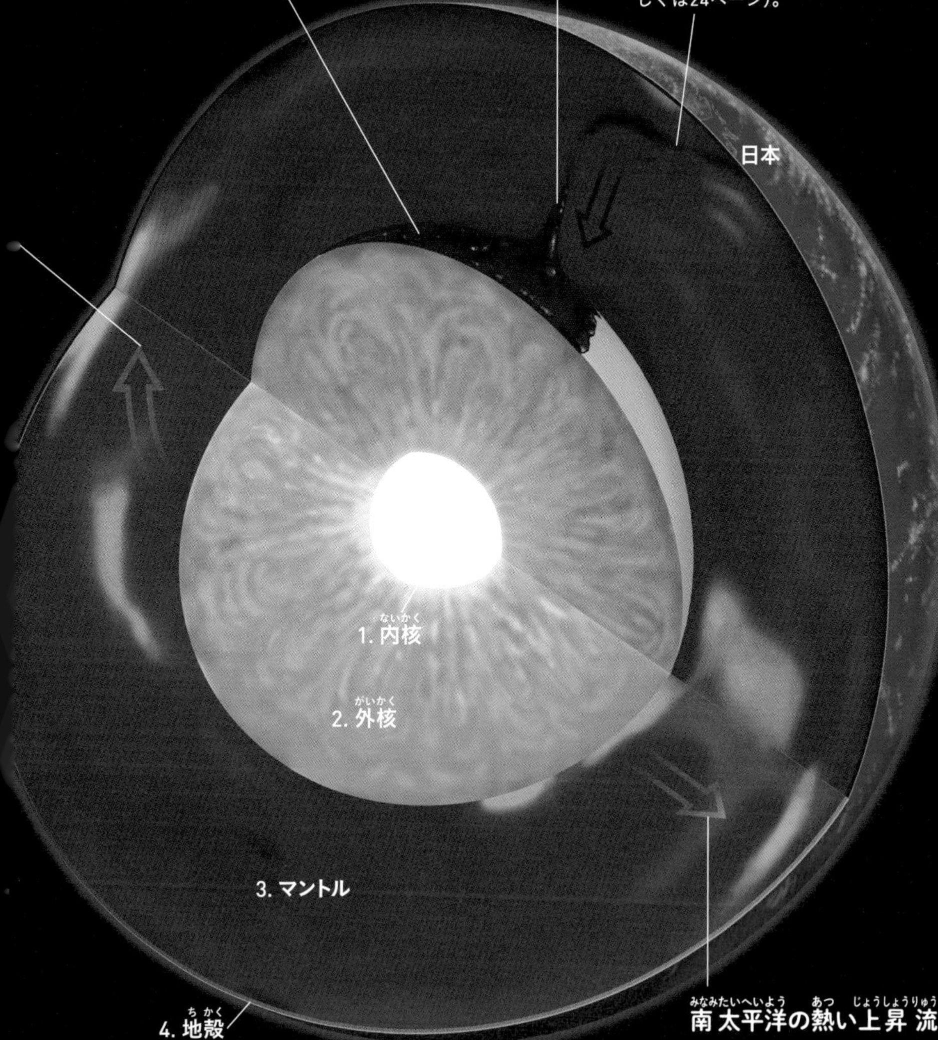

南太平洋の熱い上昇流

ハワイなどポリネシアの島々をつくったと考えられています。

参考資料：Fukao Y, et al. Stagnant Slab: A Review. Annu Rev Earth Planet Sci. 2009; 37: 19–46.

※：地下に沈みこんだプレートをスラブといいます。

地球は「巨大な磁石」のようなもの

地球の内部構造をみると，外核だけが液体でできています。高温の液体金属である外核は，活発な熱対流運動をしています。この液体金属の対流によって生みだされるのが，地球の磁場です。

地球磁場は棒磁石がつくる磁場と似ています。磁石のN極どうし，S極どうしは反発します，N極とS極はたがいに引き合います。地球の磁場を，地球の中心にある棒磁石がつくっていると仮定すれば，そのN極が南，S極が北を向いていて，その軸は地球の自転軸と少しずれていることになります。この棒磁石の延長線が地表面とぶつかる点を「地磁気極」といいます。

地球磁場は刻々と変化していて，地磁気極の位置も変化しています。昔の地磁気を調べることで，地球の磁場をつくる，地球の中心にある棒磁石の向きは，おおよそ数十万年の時間規模で逆転することがわかってきました。地球の歴史の中では，この地磁気の逆転をくりかえしてきたのです。

地球の磁場の最も大切な“役割”は，私たち生物にとって有害な，太陽からふきつける「太陽風」や銀河宇宙線などの放射線が，私たちの暮らす地表に到達するのをさえぎる効果（シールド効果）をもっていることです。このシールドを「磁気圏」とよびます。生命にとって有害な，太陽から放出される荷電粒子である太陽風は，この磁気圏にさえぎられ，直接地上には降りそそぎません。

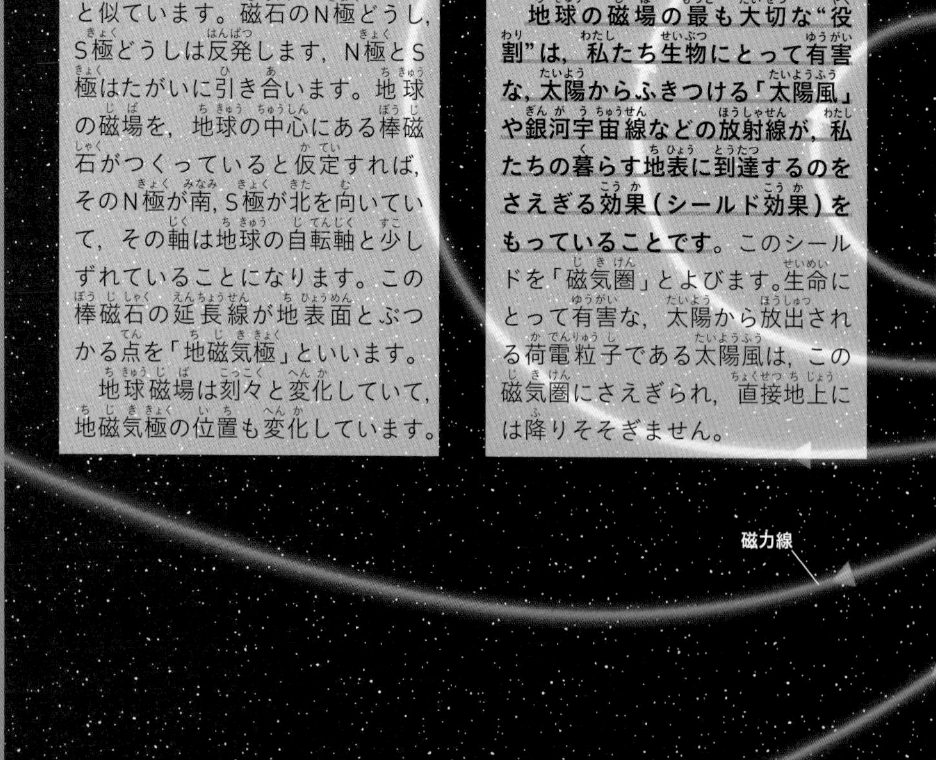

地球磁場

現在の地球磁場は，地球の中心を通り，自転軸に対してわずかに傾いた棒磁石で近似できます。N極が南，S極が北を向いているため，地球磁場の磁力線は南から北に向いています。

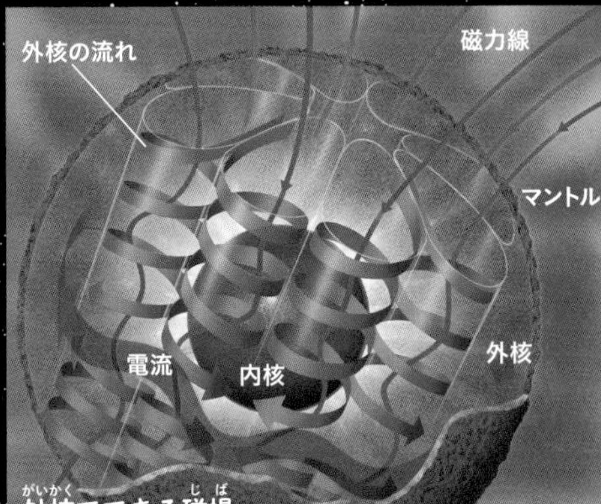

外核でできる磁場
対流する外核によって，磁力線が生みだされています。

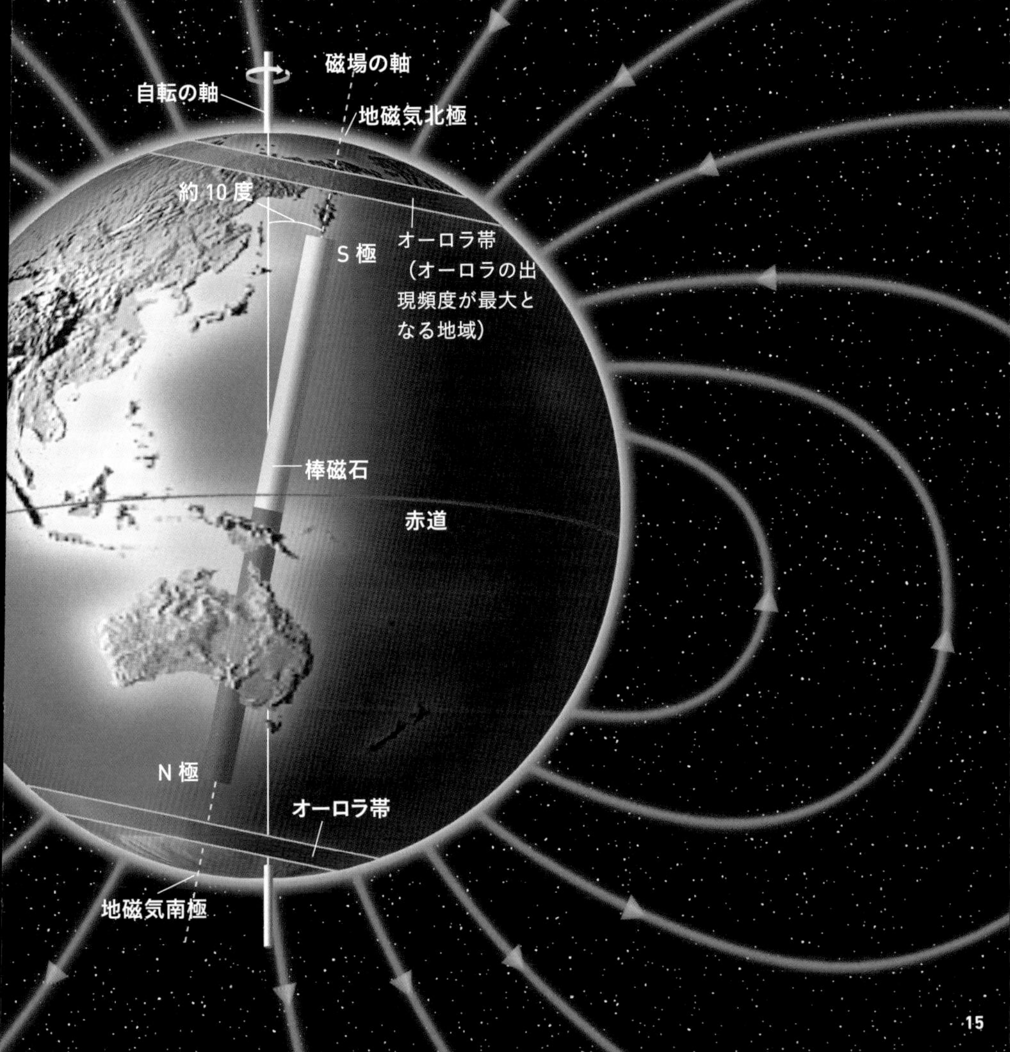

地球の表面は，「1枚の板」ではない

プレート境界

イラストは地球表面をおおうプレートを示しています。プレートは，マントルの最上部とその上の地殻からなります。赤色の線はプレート境界を，矢印はプレートの移動方向をあらわしています。ピンク色の部分は，プレートが沈みこむ「沈みこみ帯」です。

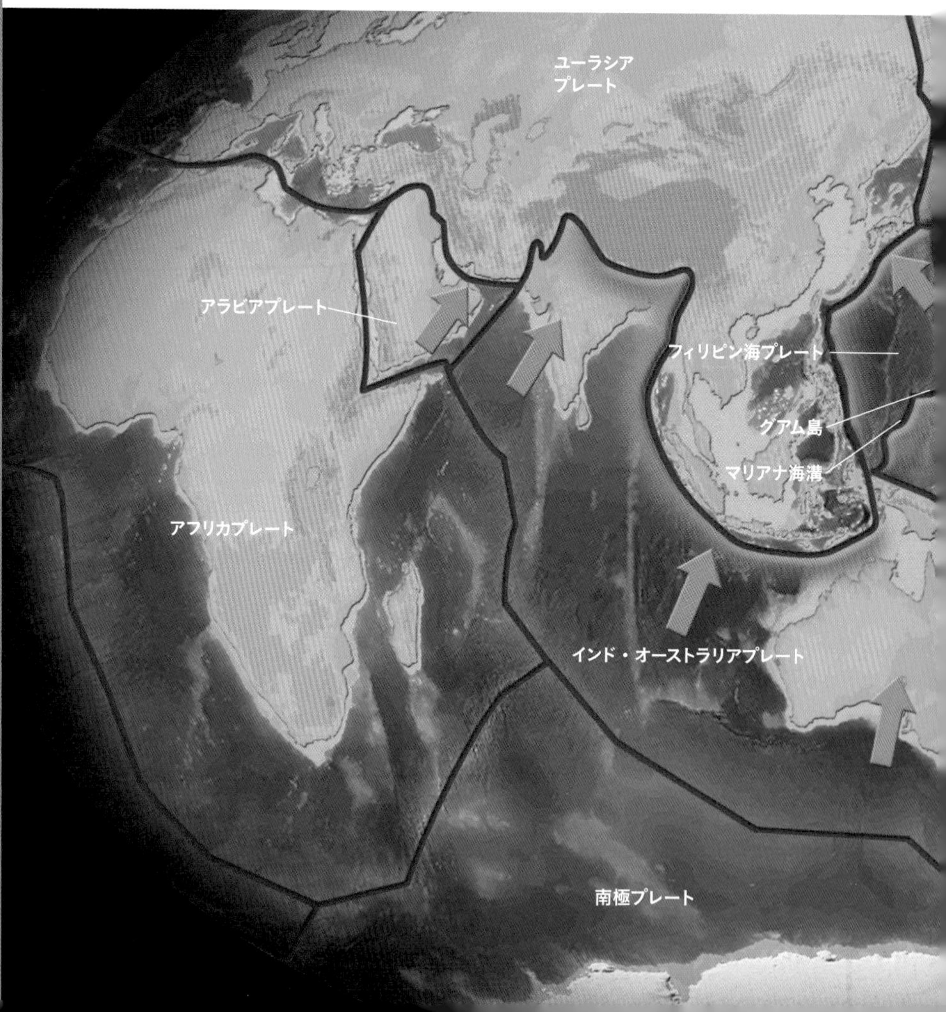

地球の表面は，けっして1枚の板でおおわれているわけではありません。**十数枚のかたい岩盤の板が地球をおおっています。この板を「プレート」といいます**。

プレートは海嶺で生まれ，年間数センチメートルの速度で移動します。たとえば，太平洋の大部分の海底である太平洋プレートは，東太平洋海嶺でつくられ，西進してきたものです。そして最後には，マリアナ海溝などで，地球深部へと沈みこみます。

プレートはなぜ動くのでしょうか？ **プレートの移動は，地球を冷ますマントル全体の対流運動が地表にあらわれたものとみることができます**。プレートは，海溝で地球深部へと沈みこむプレート自身の重さでひっぱられて移動すると考えられます。沈みこむプレートは海で冷えてかたく重くなっており，マントル対流の下降流に相当するのです※。

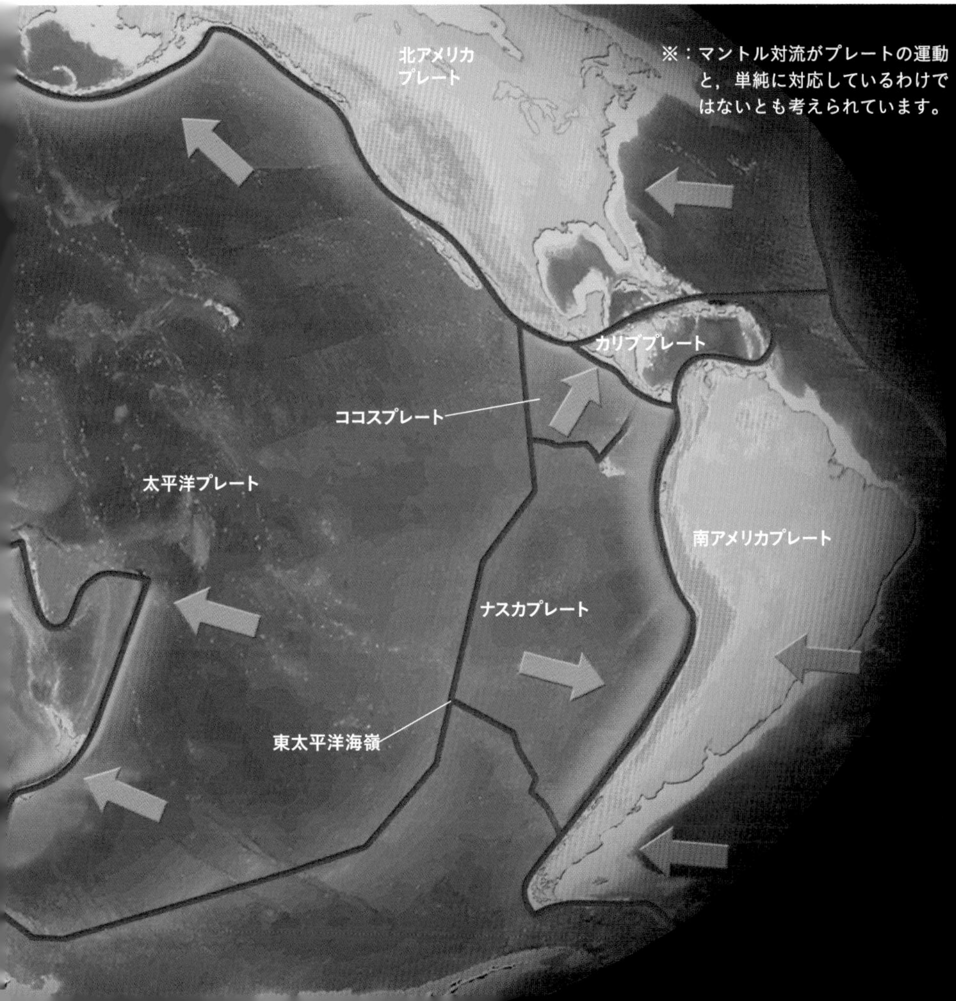

※：マントル対流がプレートの運動と，単純に対応しているわけではないとも考えられています。

かつて地球上の大陸は一つしかなかった

プレートが移動するという事実を最初に発見したのは，ドイツの気象学者アルフレッド・ウェゲナー（1880 〜 1930）です。1910年のある日，ウェゲナーは世界地図をながめながらあることに気づきました。

南アメリカ大陸東岸の海岸線と，アフリカ大陸西岸の海岸線の形が似ていたのです。ウェゲナーはこれらをジグソーパズルのように組み合わせることができるのではないか，と考えました。

ウェゲナーは大陸の移動を証明するために，さまざまな証拠を集めました。その一つがカタツムリの分布です。ガーデン・スネールというカタツムリは，北アメリカの東海岸と，ドイツからイギリスにかけてのヨーロッパに分布しています。

カタツムリが海を泳いで渡ったとは考えられないので，この分布がかつて両大陸がつながっていたことの証拠にちがいないと考えたのです。

ウェゲナーは1912年，ガーデン・スネールや氷河の分布など100種類以上の証拠を根拠として，地球上の全大陸はかつて1か所に集まって超大陸パンゲアをつくっていたとする「大陸移動説」を発表しました。

大陸移動説

ウェゲナーは動物や植物，氷河，地形，岩石の分布など多岐にわたる証拠を集め，超大陸パンゲアの存在を証明しようとしました。なお超大陸という単語は，実は厳密な定義がありません。本書では「地球上にある大陸が複数集まった巨大な大陸」を超大陸としています。

ガーデン・スネール

黄緑色の部分は，約3億年前に存在したガーデン・スネール（カタツムリ）の生息域をあらわしています。北アメリカとヨーロッパがつながっていたことを示しています。

氷河の分布

青色の丸は氷河の分布です。氷河が大地をけずると跡がつきます。ウェゲナーは，同じ跡がオーストラリアやブラジル，南アフリカなど世界各国にあることに注目しました。

リストロサウルス

約2億年前に存在した，体長1メートルほどの動物。長距離を泳げるような体をしていませんが，南極やアジアをはじめ，世界各地から化石が発見されています。

プレート運動が地震や火山をみちびいている

プレートテクトニクスのしくみ

プレートとプレートの境界では，プレートどうしがたがいにはなれていったり（海嶺や地溝帯），すれちがったり（トランスフォーム断層：北アメリカのサンアンドレアス断層がよく知られています），近づき合ったり（海溝）します。このプレートの移動の影響で，プレート境界では，地震や火山が多くみられます。

プレートどうしの境界は，はなれるか，衝突するか，すれちがうかの3タイプに分けることができます。このうち，プレートがはなれる境界（海嶺）では，裂けたプレートのすきまを埋めるようにマントルが上昇し，海面で冷やされてプレートになります。この上昇するマントル物質は，圧力が下がるために部分的に溶融してマグマをつくります。そのマグマがプレート上面に上昇し，海水にふれて冷却されて固化し，新しいプレートをおおう海洋地殻となります。

プレートどうしが衝突する境界では，テクトニックな活動が最も活発におきています。太平洋のまわりのように，海洋プレートが大陸の下の地球深部へと沈みこむ場所では，プレートの沈みこみ境界で巨大地震が発生します。2011年におきた東北地方太平洋沖地震も，太平洋プレートが東北地方沖の日本海溝に沈みこむことによって生じたものです。

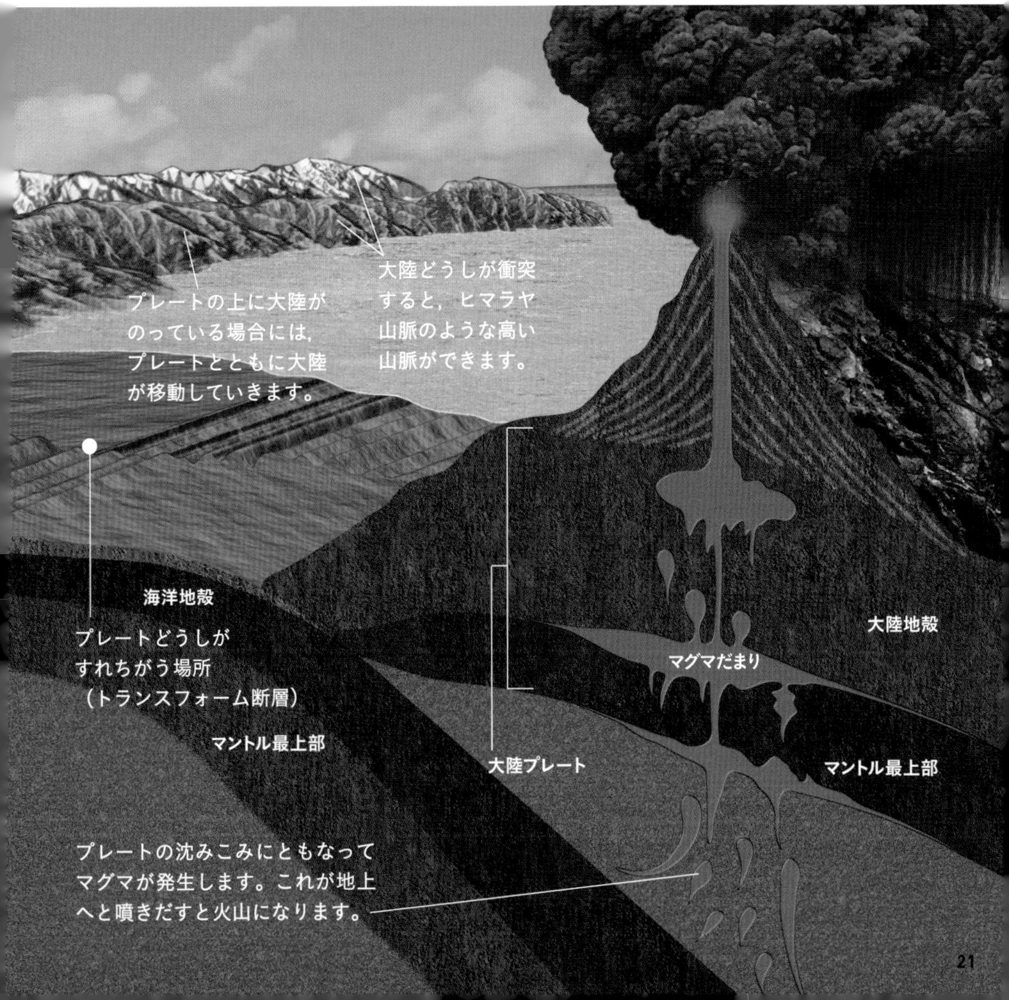
大陸どうしが衝突すると，ヒマラヤ山脈のような高い山脈ができます。
プレートの上に大陸がのっている場合には，プレートとともに大陸が移動していきます。
海洋地殻
プレートどうしがすれちがう場所（トランスフォーム断層）
マントル最上部
大陸地殻
マグマだまり
大陸プレート
マントル最上部
プレートの沈みこみにともなってマグマが発生します。これが地上へと噴きだすと火山になります。

Column コーヒーブレイク COFFEE BREAK

プレート運動が地球の“個性”を生みだした

地球には，ヒマラヤ山脈など長くつらなった大規模な山脈がみられます。ところが同じ岩石型の惑星である火星や金星では，山脈のような地形はありますが，地球の山脈ほど長く大きなものは見あたりません。**これは，地球のプレートが動いていることが関係しています。火星や金星では，プレートはあっても，地球のように動いてはいないようなのです**。

ヒマラヤ山脈は，インド亜大陸とアジア大陸が衝突してできました。かつてインド亜大陸は南半球にあり，プレートの運動によって北上，そしてアジア大陸とぶつかることによって地形が盛り上がり，ヒマラヤ山脈がつくられたのです（くわしくは48ページ）。ダイナミックにプレートが動く地球ならではの地形といえます。もう一つ，地球ならではの地形として，ハワイのような火山列もあります。ハワイの島々をみてみると，東南の端にあるハワイ島から，マウイ島，オアフ島など北西方向につらなり，その先の海底にも，かつての火山島が沈んだと考えられる海山がつづいています。

現在でも火山活動がつづいている東南端のハワイ島の地下では，地球深部から，マントルが部分的にとけてできたマグマがわき上がってきています（ホットスポット）。

ホットスポットの場所は，基本的には数千万年以上にわたって地球の深部に固定されていると考えられています。一方，プレートはその上をゆっくりと移動しています。ハワイのある太平洋プレートでは，現在は北西に年間8センチメートルほどのペースで移動しています。

ホットスポットの上にできた火山は，プレートとともに徐々に移動し，やがてホットスポットと切りはなされます。そしてホットスポットの真上には，新たな火山がつくられます。このくりかえしによって，火山列がつくられるのです。

かつての火山がつらなったハワイ諸島

ハワイ諸島のうち，現在も火山活動がつづいているのは東南端のハワイ島です。とくにキラウエア火山が有名です。ハワイ諸島へマグマを供給しているのは，地下深くのマントルからわき上がる「ホットスポット」です。ホットスポットは基本的に位置が変わりにくいのに対して，火山島をのせたプレートは移動をつづけます。このためホットスポットの上に火山島ができては北西に移動するということをくりかえし，現在のような島がつらなった地形になりました。

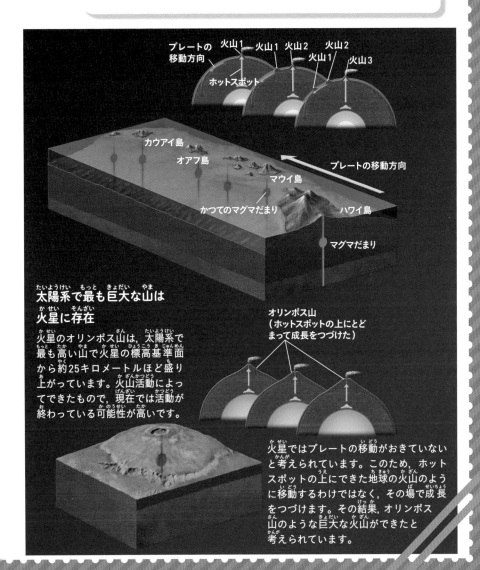

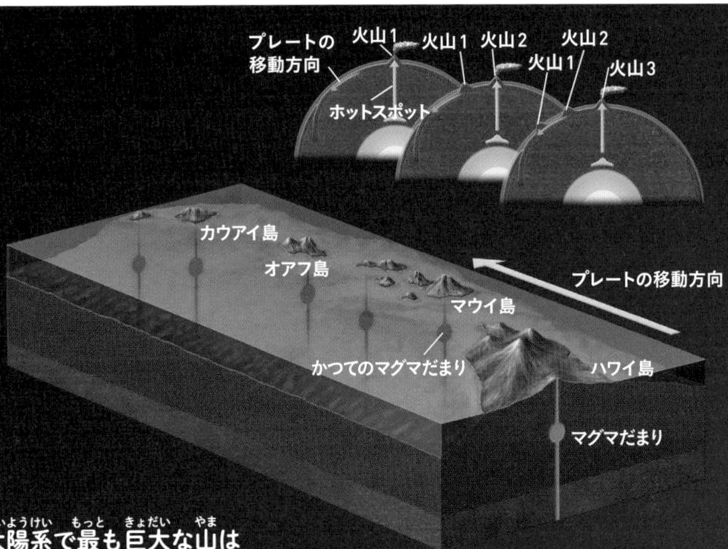

太陽系で最も巨大な山は火星に存在

火星のオリンポス山は，太陽系で最も高い山で火星の標高基準面から約25キロメートルほど盛り上がっています。火山活動によってできたもので，現在では活動が終わっている可能性が高いです。

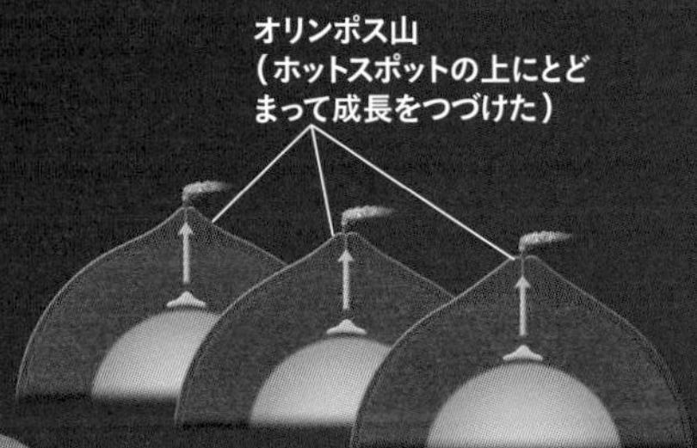

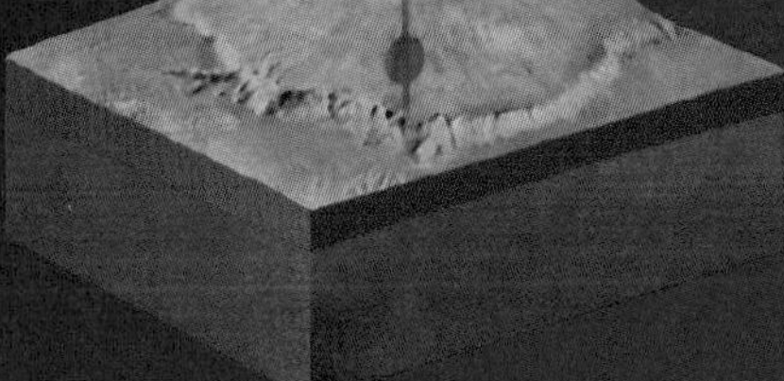

火星ではプレートの移動がおきていないと考えられています。このため，ホットスポットの上にできた地球の火山のように移動するわけではなく，その場で成長をつづけます。その結果，オリンポス山のような巨大な火山ができたと考えられています。

沈みこんだプレートは，一時的に滞留する

スタグナントスラブ

地球深部に沈みこんだプレート（スラブ）は，深さ660キロメートルほどの場所でいったん滞留します。これは，この深さより上側の上部マントルにくらべて，下側の下部マントルの密度が高く重いためです。

たまったスラブのかたまり（スタグナントスラブ）は，やがて落下してマントル最下部に達します。スラブには地殻由来の放射性物質が大量に含まれています。その崩壊熱や核からの熱によって，マントル最下層の物質や落下したスラブは加熱され，いずれはマントルの上昇流になると考えられています。

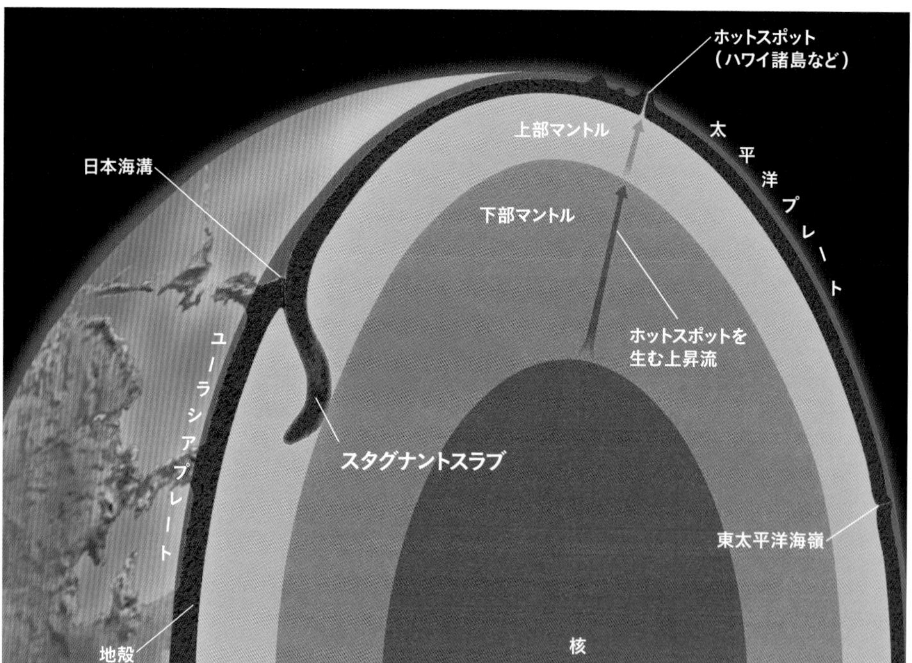

プレートは，海溝で地球深部へと沈みこみます。沈みこんだプレートは，上部マントルと下部マントルの境界付近に一時的にとどまります。この滞留したプレートを「スタグナントスラブ（メガリス）」といい，世界の沈みこみ帯の深部で確認されています。

日本列島の地下にも日本海溝などで沈みこんだプレートがスタグナントスラブとして横たわっており，その長さは1000キロメートル以上，厚さ100キロメートル以上におよびます。このプレートの先端は今から4000万～5000万年前に沈みこんだものと考えられています。より古いプレートは，下部マントルと核の境界付近にみつかっています。

つまり，沈みこんだプレートは，いったん上部マントルと下部マントルの境界付近にとどまったあと，下部マントルの底まで崩落していく運命をたどるのです。

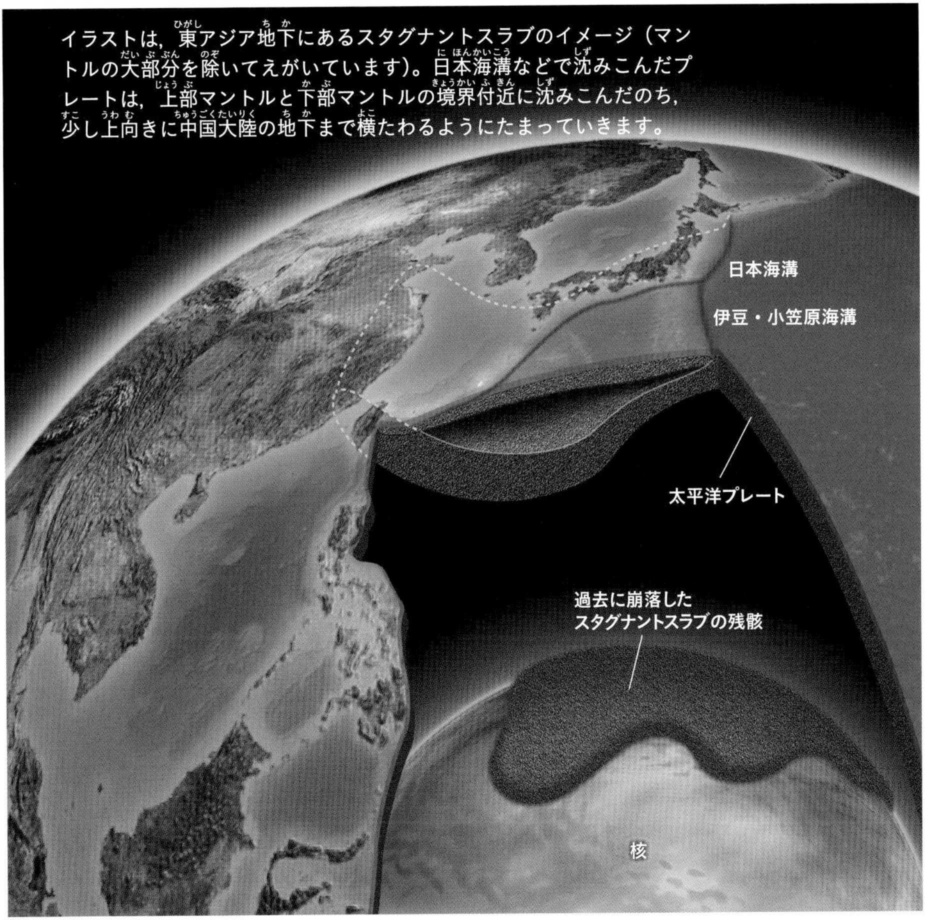

イラストは，東アジア地下にあるスタグナントスラブのイメージ（マントルの大部分を除いてえがいています）。日本海溝などで沈みこんだプレートは，上部マントルと下部マントルの境界付近に沈みこんだのち，少し上向きに中国大陸の地下まで横たわるようにたまっていきます。

大陸の形成や分裂も，プレートの“しわざ”

今から2億5000万年前には，超大陸パンゲアがあったといわれます（18ページ）。しかし，なぜ大陸が集合して超大陸をつくり，また超大陸が分裂するようにプレートは移動するのでしょうか。

大陸と大陸の間にプレートが沈みこむ海溝があると，しだいに大陸どうしの距離はちぢまり，最後には衝突・合体します。すると，プレートはそれ以上沈みこむことができなくなるので，もともと大陸と大陸の間にあった海溝は消滅します。これをくりかえすことによって，超大陸ができると考えられています。

超大陸ができると，それ自体が温度を逃がさない毛布の役目を果たすことで，大陸の下にあるマントルが熱くなって，流れやすくなります。また，合体した超大陸の海側に新しい海溝ができるなどして，超大陸の両側からプレートが沈みこんでマントルの底に落下することで，超大陸の真下に高温の核／マントル境界物質がはき寄せられます。この結果，高温のプルームが発生します（スーパープルーム）。このプルームが上昇して大地を引き裂き，ふたたび超大陸を分裂させ，大陸どうしはしだいにはなれていくというわけです。**このようにプルームとプレートの動きが連動しているという考えを「プルームテクトニクス」とよびます。**

超大陸はどのように分裂していったのか

2億5500万年前ごろ，大陸間のプレートが沈みこみ，大陸が衝突して超大陸パンゲアが誕生しました。ここから5000万年以内に，核／マントル境界においてプルームが発生し，上昇流があらわれました。大陸の毛布効果とも相まって，パンゲアは分裂をはじめたと考えられます。

1億5200万年前ごろ，マントルの上昇流があらわれた場所では，地溝が形成されます。地溝は最終的に海嶺となり，大陸どうしはしだいにはなれていきます。

2億5500万年前

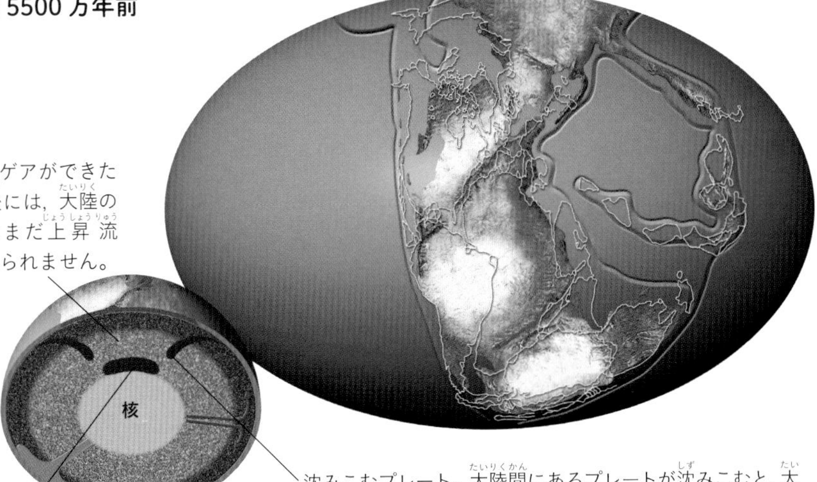

パンゲアができた直後には，大陸の下にまだ上昇流はみられません。
核
沈みこむプレート。大陸間にあるプレートが沈みこむと，大陸間の距離がちぢまり，最後には大陸どうしが合体します。
大陸が衝突する前に沈みこんだプレート

1億5200万年前

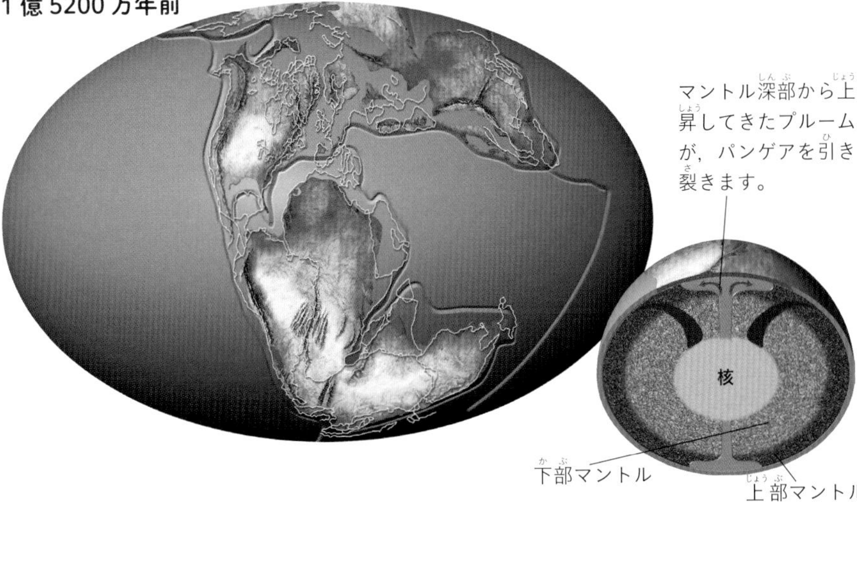

日本列島は回転しながらくっついた？

フォッサマグナとは，「大きな溝」を意味するラテン語です。実は日本の中央部である新潟県南部から，静岡県伊豆半島に至る地域には，深さ6000メートル以上の巨大が溝が横たわっています。

このフォッサマグナはどのように形成されたのでしょうか。岩石に記録された磁場（地磁気）を調べることでその理由がわかるかもしれないのです。実は火山噴火によって流れでた溶岩が冷え固まるなどしたときに，岩石中に含まれる磁性をもつ鉱物の粒子が「小さな方位磁針」としてふるまい，地磁気の方向に沿って固定されます。

その後，もし，陸地の移動などにより，岩石がその地域ごとに回転すれば，岩石中の小さな方位磁針がさし示す方向は，北からずれていくことになります。このずれを調べることで，岩石ができた当時からその地域がどれくらい回転したのかを推測できるというのです。

フォッサマグナが形成された1500万年前より以前にできた岩石を調べたところ，東日本の岩石では方位磁針が反時計まわりに，西日本の岩石では時計まわりに傾いていることがわかりました。つまり，東日本では反時計まわりに，西日本の岩石では時計まわりに回転したと考えられるのです。

これによって，日本列島が右下の図のように折れ曲がって形成されたとされる「観音開き説」が提唱されることになりました。

日本列島は，かつてユーラシア大陸の東の端にくっついていたとされています。**観音開き説では，大陸から分断された本州が，現在の日本列島がある場所まで南下する過程で，観音開きのように二つの陸が開き，折れ曲がって，現在の形になったとされます**。その二つの陸がつながったところが，フォッサマグナであると考えられているのです。

フォッサマグナ

フォッサマグナの西側の境界は，「糸魚川一静岡構造線」といいます。日本列島を地質学的に東北日本と西南日本に分ける断層にあたることがわかっています。この断層は，北アメリカプレートとユーラシアプレートの境界にあたります。一方，東側の境界は不明瞭です。

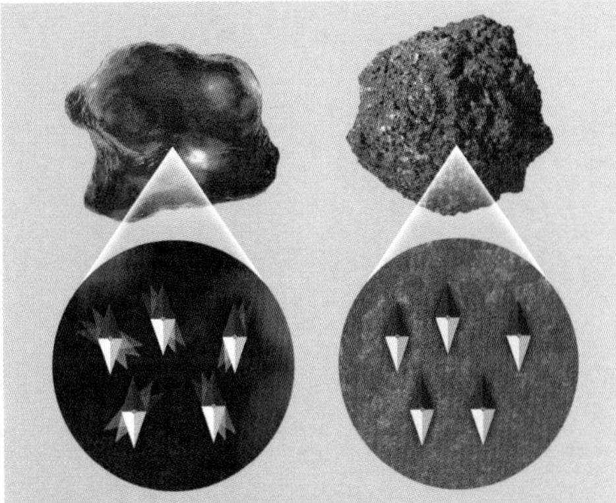

高温の玄武岩（溶岩が冷えつつある状態：左）の中では，鉱物の粒子が小さな方位磁針となり，地磁気に沿って並びます。その後冷えきると方位磁針の向きは固定化され，地磁気の方向が記憶されます（溶岩が冷えきった状態：右）。

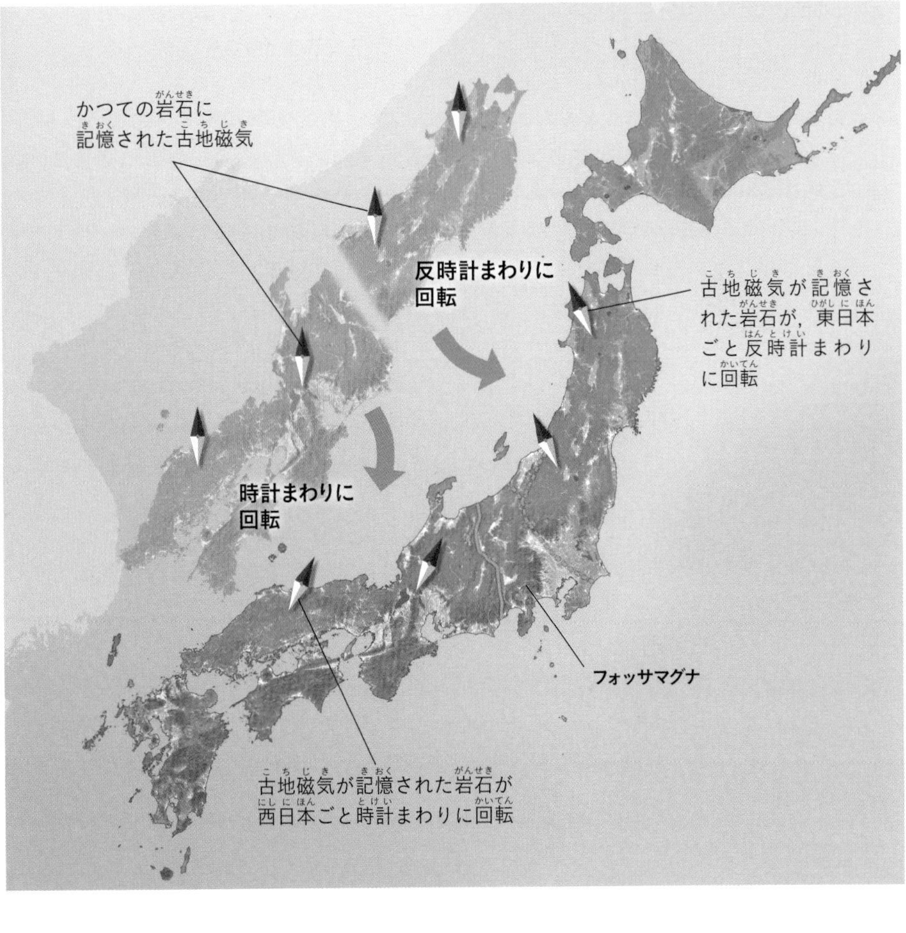

地磁気逆転の痕跡が千葉に残っている！

地層の中に，地磁気が逆転している痕跡が露出していることで知られているのが，千葉県市原市，養老川沿いにある地層「千葉セクション」です。

千葉セクションには，ちょうど更新世中期（約77万4000年前～約12万9000年前）のはじまりにおきた地磁気逆転（くわしくは14ページ）の前後で，当時の地磁気のS極が南極付近から北極付近に逆転した過程がはっきりと残されていることが確認されています。

一般的な土砂の堆積速度は，せいぜい1000年で60センチメートル程度です。しかし，千葉セクションは，平均して1000年に約2メートルの土砂が堆積してできた地層があります。短い時間でたくさんの土砂が堆積していれば，そこで発見される化石や，地層に含まれる成分を調べることで，細かい年代ごとの地球環境のちがいを知ることができます。つまり千葉セクションには，地磁気逆転の際に地球が経験してきた環境が，こと細かに保存されているといえるのです。

千葉セクションは，2020年に国際学会にてGSSP（国際標準模式層断面及びポイント）として認定されました。これによって，更新世中期には「チバニアン」という千葉の名を冠した時代名がつけられ，それが世界共通の正式名称となったのです。

川岸にある重要な地層

千葉県市原市，養老川沿いにある千葉セクションの一部。2015年に報告された，「地磁気が現在とは逆向きになっていた時代」（赤い杭が示す部分），「地磁気が逆転しつつあった時代」（黄色い杭が示す部分），「地磁気が現在と同じ向きの時代」（緑の杭が示す部分）の大まかな位置を示しています。最新のデータでは，地磁気が逆転しつつあった時代（黄色の杭の領域）が，この露頭では崖の上付近までつづいていたことがわかっています。

コーヒーブレイク

Column COFFEE BREAK

消えた大陸の伝説はほんとうか？

はるか昔，高度な文明を築いた大陸や島が，天変地異によって海の底に沈んだ――。このような伝説は，世界中に存在しています。

なかでも有名なのは，太平洋に沈んだとされる「ムー大陸」の伝説です。イギリスの作家，ジェームズ・チャーチワード（1851～1936）の著書『失われたムー大陸』によると，ムー大陸には5000万年以上も前に人類が誕生し，太陽神の化身を帝王とする帝国が存在していましたが，この大陸は，今から約1万2000年前に忽然と姿を消したといいます。チャーチワードによると，「ムー大陸の地下には，火山活動によって発生したガスがたまる空洞（ガスだまり）があちこちに存在した。そのガスだまりから何らかの原因でガスが抜け，大陸を支えることができず，地盤が陥没し，ムー大陸は海の底に沈んでしまった――。」陥没の部分についてはほかにもいくつかの説はありますが，これがムー大陸伝説の概要です。

そのような大陥没がおきたとすれば，海底に何か証拠が残されているはずです。ムー大陸がほんとうに存在し，それが陥没して沈んだのであれば，たとえば太平洋の海底では，地層が水平につながらず，ばらばらになっているところがあるはずです。

しかし，1970年ごろから太平洋の海底が調査された結果，そのような痕跡はないことがわかりました。つまり，伝説のムー大陸は，存在しなかったといえるのです。

同じように有名な伝説の大陸に，大西洋にあったとされる「アトランティス大陸」というものがありますが，こちらもその存在を示す根拠はみつかっていません。ただし，伝説のアトランティス大陸とはいえないものの，大西洋に沈んだ大陸の破片とも考えられる地形がみつかっています。

また，南太平洋のニュージーランド周辺には巨大な四つの海台が広がっています。これらはもともと一つの大陸だったと考えられており，「ジーランディア」とよばれています。さまざまな地質学的な調査も行われており，その全貌が解明されつつあります。

作家チャーチワードが考えた「ムー大陸」の想像図

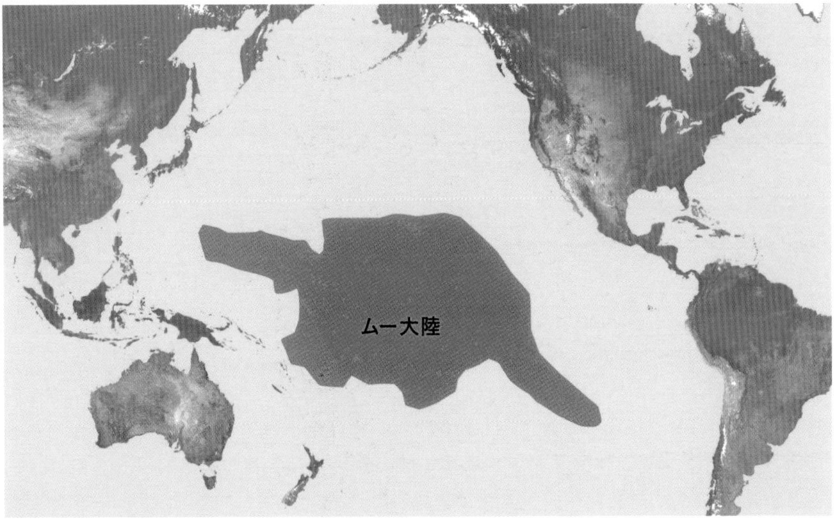

作家ジェームズ・チャーチワードの著作『失われたムー大陸』にえがかれた図をもとに作成したムー大陸の位置。チャーチワードは，太平洋にちらばっているハワイ島やイースター島などの島々は，天変地異をまぬかれたムー大陸の一部だと考えていました。

現存する「第７の大陸」ジーランディア

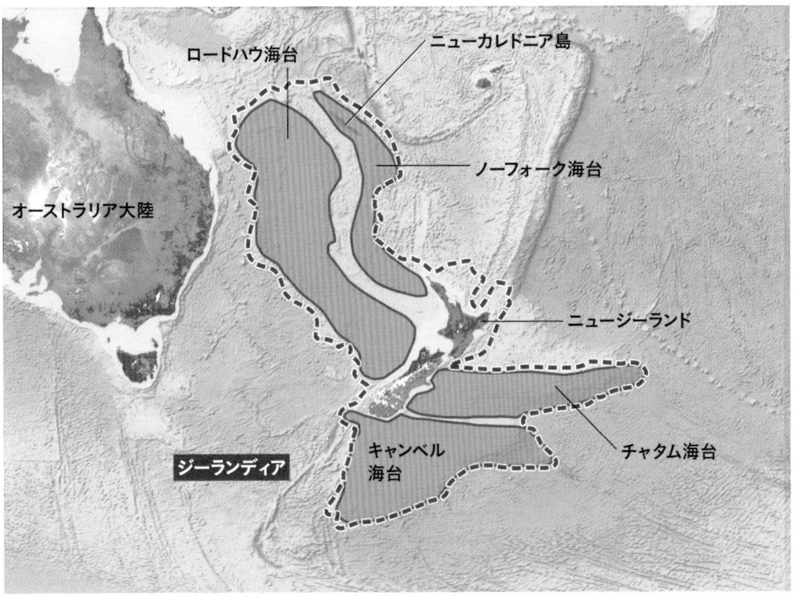

オーストラリア大陸の東側に位置する「第7の大陸」ジーランディア（赤色の点線）。四つの海台とニュージーランド，ニューカレドニア島からできています。面積の94%が海水におおわれていますが，大陸地殻に特徴的な花崗岩が海台からもみつかっています。

2

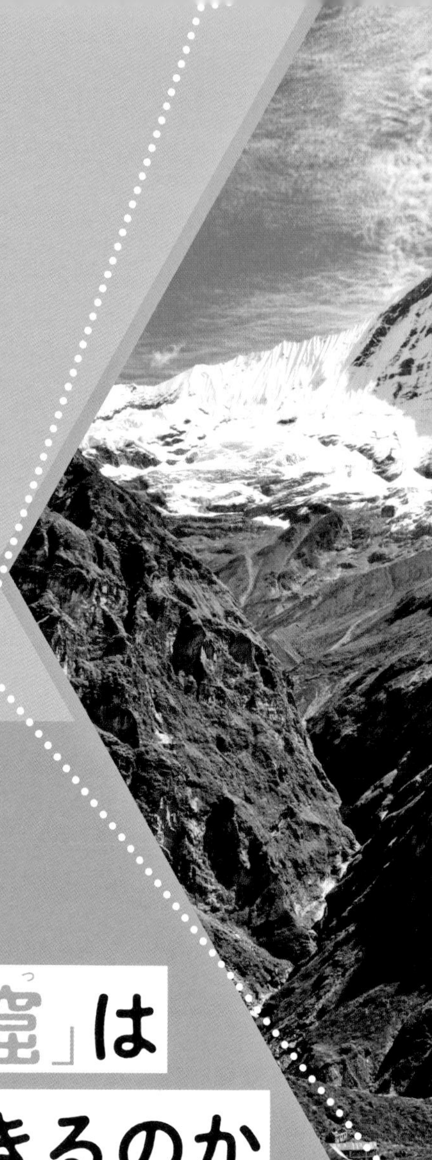

「山や谷，洞窟」はどうやってできるのか

私たちの立っている大地を構成する，岩石や土とは何かと問われると，意外と答えにくいものではないでしょうか。また，山や谷，洞窟などがどうやってできるのかも明確に説明するのはむずかしいものです。この章では，地質や地形についてせまっていきます。

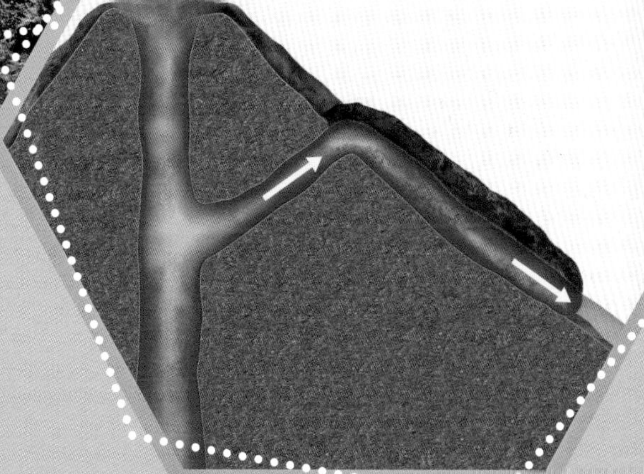

地球の火山活動が，さまざまな鉱物を生みだした

高い温度のマグマによって，できる水晶（石英）

変成岩ができたときの温度や圧力の条件は，鉱物の組み合わせによって，特定することができます。水晶（石英）やひすい輝石が存在している場所は，圧力の高い条件で変成作用を受けたことがわかります。

普段，私たちが岩や石とよぶものを，学術的には「岩石」といいます。岩石とは，ひと言でいえば「鉱物」の集合体です。

火山活動の象徴であるマグマは，地下の岩石がとけてできたものです。マグマが冷えて固まった岩石を「火成岩」といい，火成岩のうち，マグマが地表や地表近くで急速に冷えて固まったものを「火山岩」といいます。一方，地下でゆっくりと冷えて固まった岩石を「深成岩」といいます。

地層を形成する堆積岩は，地表の岩石が風化や侵食などで砕かれて，海や湖の底に堆積して生まれる岩石です。

岩石が地下の高い温度や圧力のもとに長く置かれていると，岩石の中の鉱物が固体のままで，化学組成が変わったり，結晶構造が変化したりします。このような作用を「変成作用」といいます。変成作用によって，生まれた岩石が「変成岩」です。

岩石の移り変わり

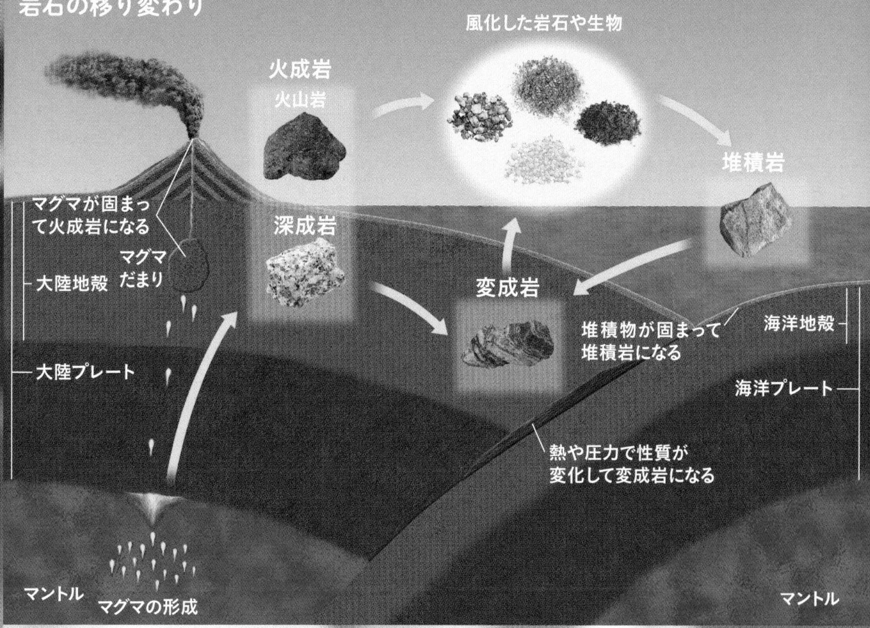

岩石が，どこでどのようにして生まれるのかを示しました。マグマが地表や地表近くで急速に冷え固まったものが火山岩，地下でゆっくりと冷え固まったものが深成岩です。これらはいずれも火成岩に分類されます。また，地表の岩石は風化や侵食によって細かな粒となり，水底に堆積します。あるいは生物の遺骸なども堆積します。これらが固まった岩石は，堆積岩に分類されます。岩石が地下で熱や圧力による変成作用を受け，固体のまま性質が変化したものは変成岩に分類されます。これらの岩石が地下深くに運ばれ，ふたたびマグマとなる場合もあります。このように岩石は，姿を変えながら循環しているのです。

堆積した岩石を調べると，当時の環境がわかる

堆積した岩石を調べると当時の環境がわかる

写真は伊豆大島にある，地上24メートル，長さ630メートルのダイナミックな地層の断面です。この地層は火山灰がほぼ同じ厚さで堆積することによって生みだされました。スコリア，火山灰，風化火山灰または腐植土が積み重なっており，約1万5000年間もの長い時間をかけて堆積したと考えられています。

地表の岩石は，太陽の熱や光，雨水による化学反応，生物などの作用によって，徐々にぼろぼろになっていきます（風化）。風化によってもろくなった地表の岩石は，降雨や河川の流水，氷河などの作用を受けてけずられていきます（侵食）。

こうした風化や侵食によって，岩石は砕屑物（礫，砂，泥など）として，標高の低い方向へ流れます（運搬）。標高が低くなり，傾斜がゆるやかになると，砕屑物の移動が止まり，その場にたまりはじめます（堆積）。海底には，時代ごとにことなる砕屑粒子が積み重なり，地層を形成します（下の写真）。

砕屑物が海底や湖底に堆積しつづけると，続成作用によりすきまがなくなって固まった堆積岩が形成されます。また，大地の隆起や気候変動などによって，堆積岩の種類は変化します。**このため，地層の調査は，当時の環境を知るための手がかりになります。**

コーヒーブレイク

COFFEE BREAK

Column

土は全部で何種類ある？

家の庭や田畑，山などあらゆる場所に土は広がっています。その「土」の定義とはいったいなんでしょうか。

土壌学でいう「土」とは，簡単にいえば「岩石が細かくなってできた『砂』と『粘土』に，生き物の死骸が腐ってまざり合ったもの」のことです。粘土は学

地球上の土は大まかに 12 種類に分けられる

校の図画工作でおなじみですが，正確にいうと「岩石が非常に細かい粒子になったもの」です。

地球上にあるすべての土は，粘土や腐植が含まれる割合や，粘土を形づくる鉱物のちがいなどで，大まかに12種類に分類することができます※。

日本には，この12種類のうち主に3種類が分布しています。

また，土にはさまざまな役割があります。農作物が育つ肥沃な大地をつくる，洪水をふせぐ，二酸化炭素を閉じこめ，生物にすみかを提供する，などです。生物にとって土は生きていくのに欠かせない存在なのです。

1. 粘土集積土壌	中性で粘土に富む肥沃な土。地中海性気候やサバナ気候の地域に多い。
2. 強風化赤黄色土	東南アジアの熱帯雨林に多い，酸性で粘土の多い土。
3. オキシソル	風化の末に鉄さび成分やアルミニウムが濃縮した赤い土。南アメリカやアフリカに多い。
4. ポドゾル	寒冷な森林に多く，砂が多い酸性の土。北ヨーロッパや北アメリカに多い。
5. 黒ボク土	火山灰と腐植（土壌微生物に分解された動植物遺骸の総称）が結びついた土。
6. ひび割れ粘土質土壌	乾燥するとひび割れるほど粘土成分が多い肥沃な土。インドのデカン高原などに分布する。
7. チェルノーゼム	乾いた草原の下にある黒土。中性で腐植に富む。「土の皇帝」ともよばれ，穀物などの生産をになう。
8. 若手土壌	未熟土からやや風化が進んだ粘土質の土。日本の森林に多い。
9. 泥炭土	湿原などの水びたしの環境で，植物の遺骸が分解されないまま積もった土。
10. 永久凍土	夏でもとけない氷の層がある土。
11. 未熟土	岩石が風化したばかりの土，水と風によって堆積したばかりの土。
12. 砂漠土	1年のうち9か月以上乾燥している砂漠地帯の土。腐植や粘土が少なく，植物の生育が悪くて，風化が遅い。

※：上記の分類・名称は，森林研究・整備機構森林総合研究所の藤井一至主任研究員によるもの。上記以外にも，分類方法が存在します。

大陸プレートの衝突によってできる山

次に，山がどのようにしてつくられるのかをみていきましょう。山の成因は大きく「隆起」と「噴火」に分けられます。

隆起による山の形成は，たがいに近づいていくプレートどうしがぶつかる場所でおきます。たとえば，世界の屋根と称されるヒマラヤ山脈（カラコルム山脈なども含める）は，インドプレートにのって北上するインド亜大陸が，ユーラシアプレート上のアジア大陸と衝突することによってつくられました（くわしくは48ページ）。

プレートには大陸プレートと海洋プレートがありますが，大陸プレートのほうが軽く（比重が小さい），海洋プレートのほうが重くなります（比重が大きい）。大陸プレートどうしの衝突でできたのが，アルプス山脈やヒマラヤ山脈です。大陸プレートは軽いため，隆起してできた山体は高く持ち上がります。地球上で8000メートルをこえる山は14座あり，すべてヒマラヤ山脈に属します。

これに対し，海洋プレートと大陸プレートがぶつかる場所にできたのが，アンデス山脈やロッキー山脈です。日本列島も海洋プレートと大陸プレートがぶつかってつくられています。

隆起してできる山

山が形成される成因の一つが，プレートどうしの衝突による隆起です。大陸プレートは海洋プレートよりも軽いため，大陸プレートどうしがぶつかるほうが標高の高い山が形成されやすくなります。

大陸プレートどうしの衝突による山の形成

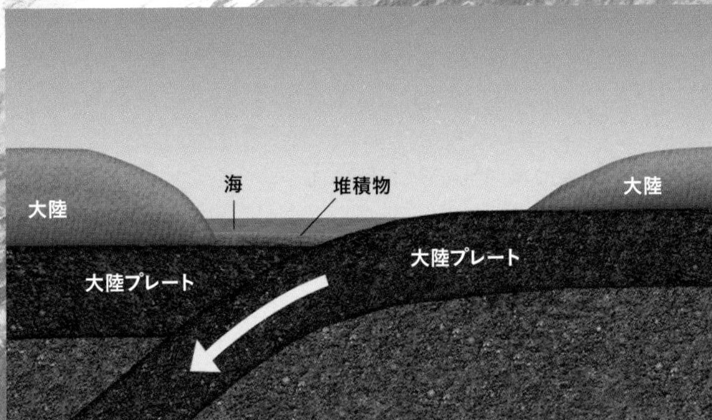

プレートの運動によって二つの大陸プレートがしだいに近づいていきます。

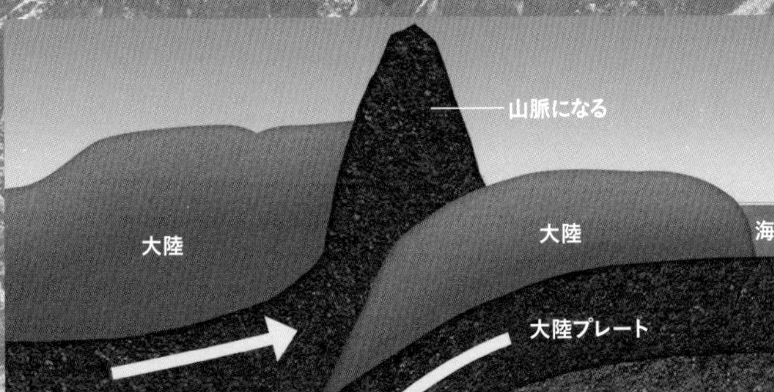

プレートが押し上げられて山脈が形成されます。

火山の噴火によってできる山

隆起による山の形成に対し，噴火の場合は地中のマグマが地表や海底に噴出し，流れだした溶岩などの噴出物が固まって，それがくりかえされて山がつくられます。噴火によってできる山とは，つまり火山です。火山ができるのはどのようなところなのでしょうか。

一つは，海洋プレートと大陸プレートの境界です。この境界は，重たい海洋プレートが大陸プレートの下に沈みこんでいくため「沈みこみ帯」とよばれます。海洋プレートは水分を多く含んでおり，沈みこみながらマントルに水分を供給します。マントルは固体ですが，水分がマントルの融点を下げることで液体のマグマを生じます。こうしてできたマグマが地上に噴きだすことで火山がつくられるのです。海洋プレートと大陸プレートがぶつかる場所では，42ページでみた隆起以外にも，噴火による山の形成がおきているのです。

火山ができるもう一つの場所がホットスポットです。地球には周囲にくらべてマントルが高温になって上昇流をつくっている場所があり，このようなマントルの上昇流をホットプルームといいます。ホットプルームは，地表に近づくと圧力が下がるために液体のマグマとなって，地表に噴きだします。ホットプルームによってマグマがわきだす場所をホットスポット（くわしくは22ページ）といい，このような場所でも火山ができます。

海底に形成された山脈（海嶺）にも火山はできます。海嶺は，プレートどうしがはなれていく境界にあり，地下のマグマが噴出して海底火山がつくられます。

噴火によってできる山

隆起以外にも山の成因となるものとして，噴火があげられます。マグマが地上に噴きだすことで火山が形成されるのです。ハワイ諸島は，ホットスポットにできた海山が成長し，海面上に姿をあらわした火山島です。

海洋プレートと大陸プレートの境界での山の形成

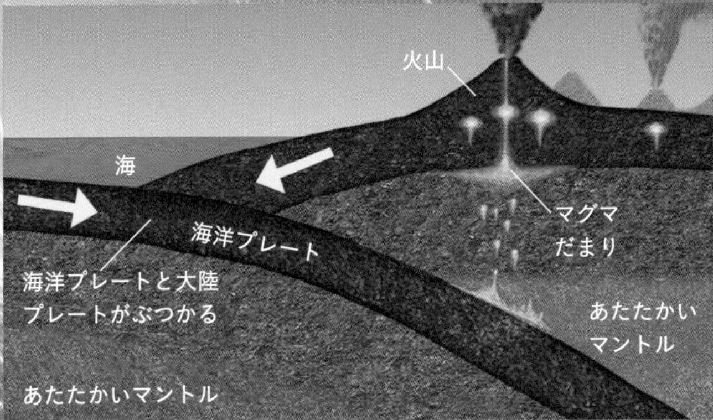

沈みこみ帯ではマグマができるので，ところどころに火山も形成されます。

火山のほかに，圧縮によって隆起が生じて山脈ができます（くわしくは42ページ）。

侵食も山を形づくる大事な要素

山を形づくる要素として，もう一つ，忘れてはならないのが「侵食」です。隆起や噴火が山をつくるプラスの方向のはたらきであるのに対し，侵食は山をけずるマイナスの方向のはたらきといえます。雨や川など水流による侵食がイメージしやすいでしょう。たとえば，「V字谷」とよばれる地形は，水の流れが山をV字状に深くけずることによってつくられます。

水流のほかに，氷河の侵食によってつくられる地形もあります。ホルン（氷食尖峰）やカール（圏谷）は，氷河の侵食作用によってつくられた地形です。ホルンとは，標高が高い山の山頂部分にみられるとがった地形のことです。地球が氷期だったころ，山頂部分を残して全域をおおっていた氷河が，その周囲をけずりとることによってつくられたものです。一方，カールとは，山頂付近の氷河が周囲をけずってつくるおわん型にくぼんだ地形をさします。

また，侵食のほか，斜面崩壊や地滑り，落石などによっても山はその姿を変えていきます。これらはいずれも重力によるもので，あわせて「マスムーブメント」とよばれます。**山は，隆起や噴火によるプラスのはたらきと，侵食やマスムーブメントによるマイナスのはたらきのバランスで成り立っているのです。**

山をけずる侵食がくぼみやとがった地形をつくる

カールやホルンは氷河によって侵食されて形成される地形です。スペインとフランスの国境に広がるモン・ペルデュも有名なカールの一つです。写真は日本の中央アルプスにある千畳敷カールです。一方，ホルンはエベレストやK2のほか，アルプス山脈のマッターホルン，日本の槍ヶ岳などが知られています。

ヒマラヤ山脈誕生のシナリオ

ヒマラヤ山脈の成長（エベレスト周辺）

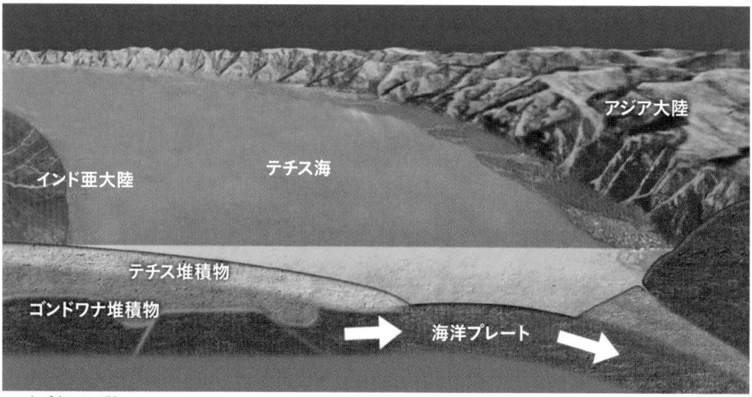

1. 衝突以前

インド・オーストラリアプレートにのって北上してきたインド亜大陸は，テチス海を縮小させます。5000万年前になるとインド亜大陸は北西部からアジア大陸に衝突しはじめ，4500万年前にはテチス海はわずかに残るだけとなります。

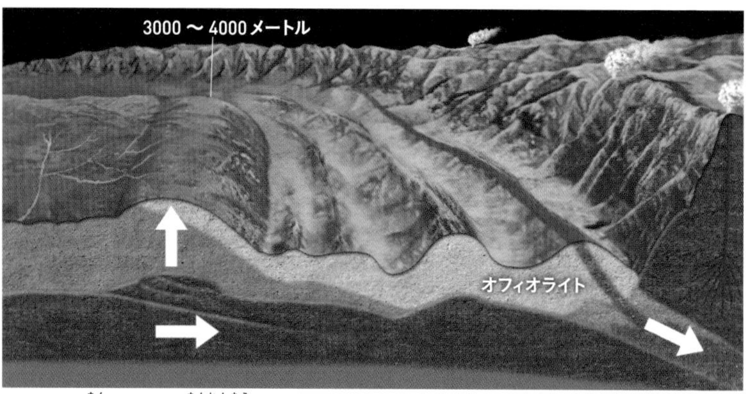

2. 2000 万〜 1500 万年前

衝突で隆起運動がおき，徐々に山脈が成長しはじめます。テチス海の海洋プレートを構成していた岩石（オフィオライト）が地表面にあらわれたのは，3000万年前ごろです。

ヒマラヤ山脈がどのようにできたのか，時代ごとの流れをみていきましょう。

今から5000万年ほど前になると，インド亜大陸とアジア大陸の衝突がはじまります。まず，テチス海のプレートを構成していた岩石（堆積物）が地表にあらわれます。この衝突によって隆起運動がおき，衝突部分に山脈が形成されはじめます。

そして今から1400万～1000万年前に，山脈は8000メートルの高度にまで達したとみられています。こうして，“世界の屋根”といわれるヒマラヤ山脈が誕生したのです。

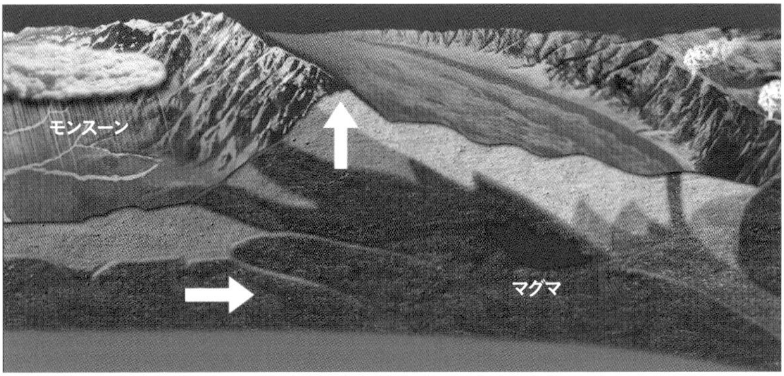

3. 1400万～800万年前

ヒマラヤ山脈は，1400万～1000万年前には標高8000メートルに達したと考えられています。モンスーンがヒマラヤ山脈の南側に多くの雨を降らせるようになったのは，1000万～800万年前とされています。

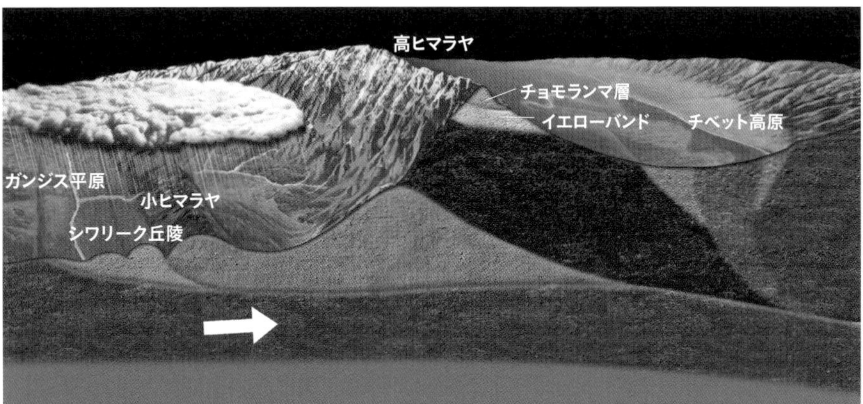

4. 100万年前～現在

押し上げられたテチス海の堆積物が，エベレストの頂上付近を形成するイエローバンドおよびその上のチョモランマ層をつくります。また，「高ヒマラヤ（山脈の主稜）」の南側で「小ヒマラヤ」の上昇がはじまり，高さが1500～2000メートルほど上昇します。

いまだに謎の多い地下空間「洞窟」

洞窟とは, さまざまな要因によってできた地下の空間のことをいいます。大きさなどに関する科学的な定義はありませんが, 入り口の高さ・幅よりも奥行きが深く, おおむね2メートル以上の奥行きをもつものとされています。

洞窟は, 自然の作用でできた「自然洞窟」と, 人工的につくられた「人工洞窟」に大別されます。自然洞窟はさらに, 洞窟を形成する岩石や, 洞窟のでき方によっていくつかに分類されます。

観光などで「鍾乳洞」に行ったことがあるという人もいるでしょう。一般的に鍾乳洞とは, 石灰岩が「溶食」されてできる洞窟のことをいいます。溶食とは水に含まれる成分が化学反応によって岩石をとかすことで, これによってつくられる洞窟を溶食洞窟といいます。鍾乳洞は主に, 二酸化炭素などがとけこんで酸性になった雨水や地下水が, 石灰岩をとかすことでつくられます。

鍾乳洞の見どころといえば, ユニークな形の「鍾乳石」です。鍾乳石とは, 石灰岩に含まれる炭酸カルシウムが水にとけたのち, ふたたび結晶化したものです。

海岸の岸壁にできる洞窟など, 波や風などの作用で岩石がけずられてできる洞窟は「侵食洞窟」とよばれます。また, 火山の周辺には, 噴火によってつくられた「火山洞窟」が多くあります。流れでた溶岩によってできたものや, 火口などがそのまま洞窟になったものもあります。ほかにも氷河やサンゴ礁, 地殻変動によるものなど, 洞窟のでき方はさまざまです。

世界に目を向けると, どうしてこんなに巨大な空間ができたのかと思うほどの並はずれた規模の洞窟もあれば, 氷でできた洞窟や, 巨大な結晶が立ち並ぶ異様な洞窟もあります。地中や山中ばかりでなく, 水中にも洞窟があります。未発見の洞窟や解明されていない洞窟も数多くあるのです。また, なんと宇宙にも洞窟があると考えられています。月の表面のクレーターや縦穴の地下には, 溶岩洞窟があるといわれているのです。

さまざまな洞窟のでき方

溶食洞窟

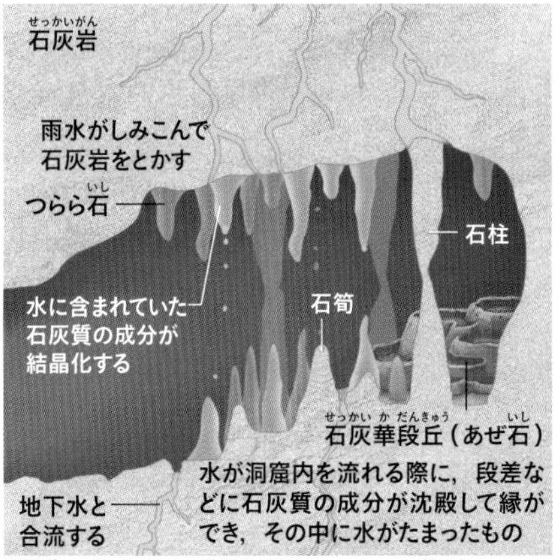

雨水や地下水が化学反応によって岩石をとかす「溶食作用」によってできる洞窟。日本にある洞窟の大半は溶食洞窟です。石灰岩の溶食洞窟の中では，地下水にとけていた石灰分が再度結晶化した「鍾乳石」が発達してます。

侵食洞窟

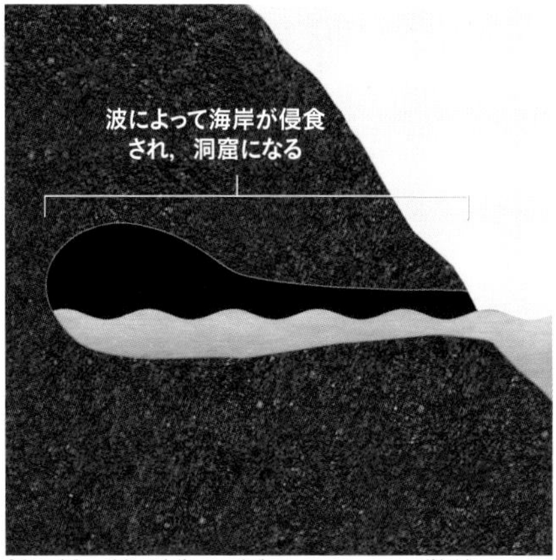

海の波や川の流れ，風などによって岩石がけずられる「侵食作用」によってできる洞窟。水にとけない岩石や鉱物からなる地層をもつ部分にできることが多い。

火山洞窟

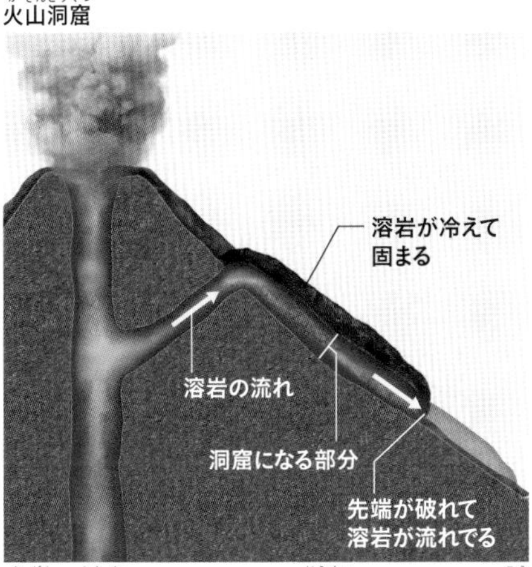

火山の噴火によってできる洞窟。やわらかい高温の溶岩が山の斜面を流れでるとき，空気にふれた表面が先に固まり，その内部から熱い溶岩が流れでると，パイプ状の「溶岩洞窟」ができます（上のイラスト）。

その他

氷河洞窟

氷河の移動にともなう摩擦熱でとけた水による侵食作用や，火山の噴火口をおおう氷河が火口の熱でとけてできた洞窟。溶食洞窟に似た形だが，岩石よりもとけやすいため変化が速い。

サンゴ礁洞窟

サンゴ礁が上に向かって大きく成長したのち，アーチ状の構造をつくることでできた洞窟。

重力崩壊洞窟

崖くずれや地すべりなど，地盤の崩壊作用によってできた岩塊のすきまからなる洞窟。

テクトニック洞窟

地震にともなう地割れなど，地殻変動によってできた洞窟。

世界の海底に眠るさまざまな海洋資源

油田やガス田ができるまで

イラストでは，石油や天然ガスが生成されるまでの過程をえがいています。石油や天然ガスが生成されるには，生物の死骸が豊富，死骸が微生物によって分解されにくい酸欠の環境など，いくつかの条件がそろう必要があります。

1. 海や湖沼の底に，生物の死骸が堆積します。

2. 生物の死骸は埋没し，堆積物深部の温度や圧力により長い時間をかけて変質していきます。

世界の海底には，さまざまな資源が眠っています。中でも石油や天然ガスは，エネルギーや工業製品の原材料などとして私たちの文明社会を支える存在です。

石油や天然ガスは，どのようにしてできたのでしょうか。最も有力とされている「有機起源説」によれば，海底に堆積した海の生物の死骸が堆積物深部で高温・高圧の環境にさらされ，長い年月をかけて変質，生成されたものだといいます。

日本近海にも，さまざまな海洋資源が存在します。たとえば西日本の太平洋側の沖合では，「メタンハイドレート」が海底下に埋まっています。天然ガスの主成分であるメタンが閉じこめられた固体の結晶で，“燃える氷”とよばれるものです。ほかにもレアアースなどの鉱物資源が確認されています。

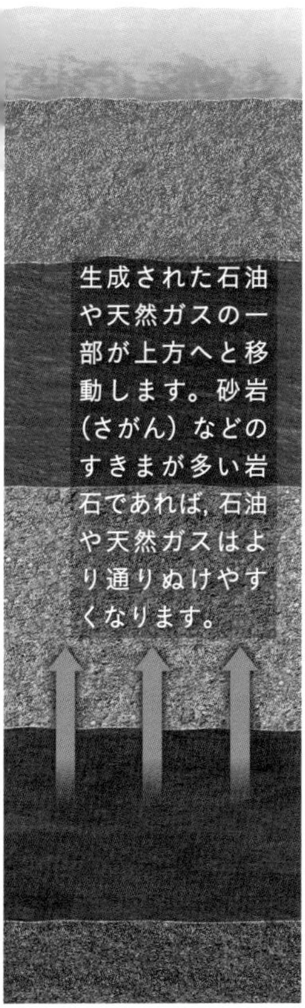

生成された石油や天然ガスの一部が上方へと移動します。砂岩（さがん）などのすきまが多い岩石であれば，石油や天然ガスはより通りぬけやすくなります。

3.
生成された石油や天然ガスの一部が移動します（地下の断層に沿って移動することもあります）。

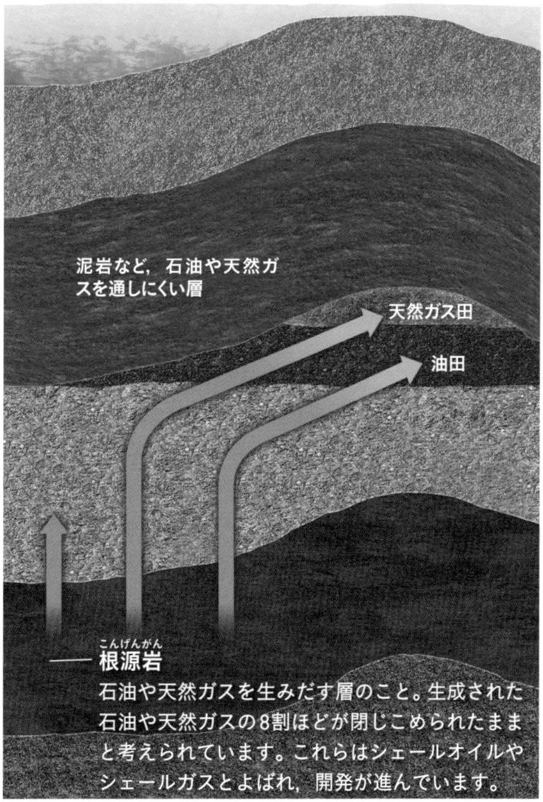

4.
通りぬけにくい泥岩の層などがあると，その下に石油や天然ガスがたまる場合があります。

コーヒーブレイク
COFFEE BREAK

日本列島の成り立ちを体感できるジオパーク

日本には地球の不思議や大地の成り立ちを体感できる場所がたくさんあります。中央構造線の露頭（地層や岩石の露出部分）は「南アルプス（中央構造線エリア）ジオパーク」で実際に見ることができます。

日本には，日本ジオパーク委員会が認定した「日本ジオパーク」が46地域あります（https://geopark.jp/geopark/：2023年5月現在）。このページではそのうちの10地域を紹介しましょう。ぜひ訪れて，日本列島の謎を肌で感じてみてください。

山陰海岸ジオパーク
兵庫県豊岡市にある玄武洞は，約160万年前の火山活動でできた玄武岩からなり，その岩の地磁気の逆転がプレートテクトニクス理論の起点となりました。

隠岐ジオパーク
隠岐諸島には日本海や日本列島の歴史を語る岩石や，258万8000年前以降の第四紀の環境変動によって生みだされた独自の植生，そして祭祀の文化などが存在しています。

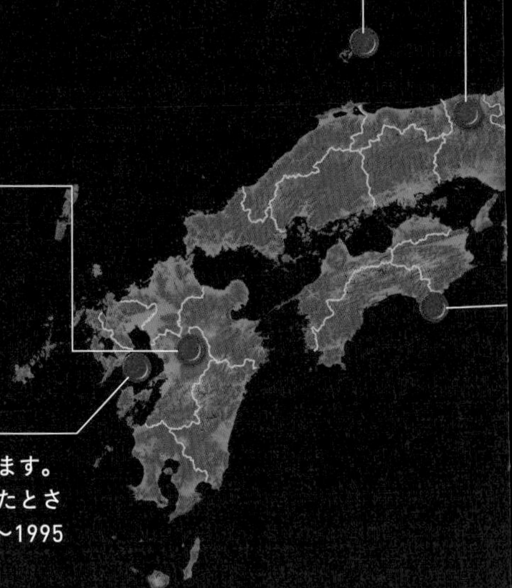

阿蘇ジオパーク
世界有数の巨大カルデラをもつ阿蘇山一帯のジオパーク。大観峰カルデラジオサイトでは，標高差300～500メートルのカルデラ壁や中央火口丘群などを一望できます。

島原半島ジオパーク
長崎県にある島原半島の中心には雲仙普賢岳があります。このジオパーク内には雲仙火山から最初に噴出されたとされる約50万年前の地層がみられる龍石海岸や，1990～1995年の雲仙普賢岳の平成大噴火の痕跡などがあります。

洞爺湖有珠山ジオパーク
洞爺湖は約11万年前の巨大噴火でできたカルデラ湖です。有珠山は有史以来20～50年に1回の頻度で噴火をくりかえしてきた火山です。

アポイ岳ジオパーク
日高山脈は約1300万年前におきた北アメリカプレートとユーラシアプレートの衝突によってできました。そのときに地下のマントルの一部が突き上げられて地上に出たものがアポイ岳です。

糸魚川ジオパーク
ジオパーク内のフォッサマグナパークでは，東日本と西日本を分ける糸魚川－静岡構造線の露頭がみられます。フォッサマグナが海底だったころにできた海底火山の跡も点在します。

南アルプス（中央構造線エリア）ジオパーク
3000メートル級の山々が並ぶ南アルプスはかつては海底にありました。横断すればさまざまな種類の岩石を見ることができます。

室戸ジオパーク
室戸岬の西側にある海成段丘は，今も1000年につき2メートルというスピードで盛り上がっています。

伊豆半島ジオパーク
伊豆半島は，伊豆諸島が本州にぶつかってできた半島です。半島の南側・西側は海底火山の噴出物がみられ，半島中央には伊豆が陸地になったあとに噴火した天城山があります。

3

暮らしにかかわる「地震」と「火山」

火山活動や地震はある意味，地球が“生きている”証といえます。同時にこれらの活動は，私たち人間にとって災害ともなりうるものです。この章では地震や火山のメカニズムを解き明かし，どう自然と共存していけばよいかを考えていきましょう。

巨大地震はプレートの境界で発生する

地球表面をおおう十数枚のプレートは，ゆっくりと移動しています。その方向はそれぞれことなるためにぶつかり合い，一方のプレートが他方の下へもぐりこむことがあります。このとき，大陸プレートの先端は海洋プレートに引きずられる形で，地球深部へと引きこまれそうになります。しかし，完全に深部へと引きこまれるよりも前に限界がきて，大陸プレートは元の形にもどろうとはね上がります。こうして発生するのが「プレート境界地震」です。**この“はね上がり”の力は強大で，世界史上に残るような超巨大地震をこれまでにいくつも引きおこしています**。

たとえば，2004年末にインドネシアでおきた「スマトラ島沖地震※」では，北海道・四国・九州の合計面積をこえる15万平方キロメートルの領域（断層）が20メートル以上も動いたとされます。スマトラ島沖地震は超巨大津波を引きおこし，東南アジアを中心に20万人以上の命を奪いました。

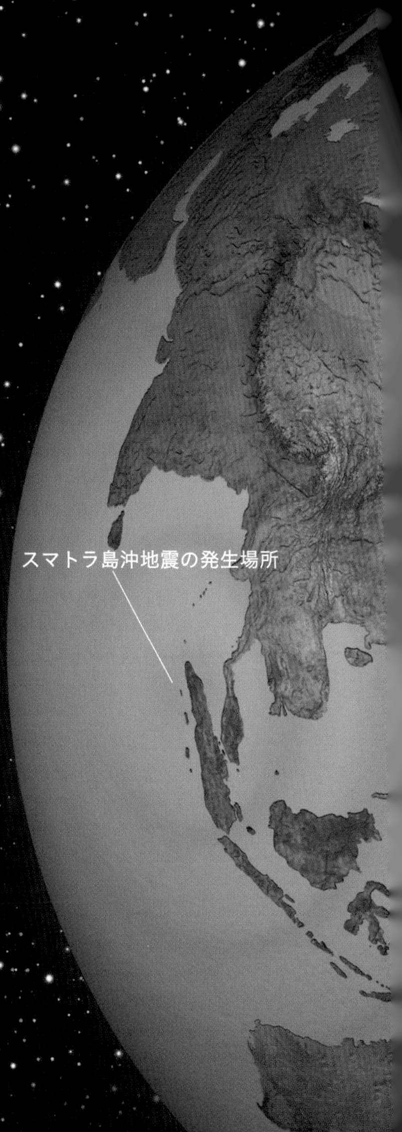

※：マグニチュードは9.2，震源域は1000キロメートル×150キロメートル，すべり量は最大20メートル。

地球表面を同心円状に広がる
「表面波」のイメージ

超巨大地震が地球を駆けめぐった

プレートとプレートの境で，プレートがはね上がることにより発生する「プレート境界地震」は，これまで世界史に残る大規模な地震を各地で発生させてきました。イラストは，スマトラ島沖で発生した地震（地震波）が，地球全体に広がっていくようすをえがいています。

地球の深部でおきる地震と浅い場所でおきる地震

地震にはプレートの境界でおこるもののほかに,「スラブ内地震」と「内陸地震」があります。**スラブ内地震とは,地球深部に沈みこんだ海洋プレート(スラブ)内で発生する地震です。一方,内陸地震は大陸プレート内(地殻)の浅い場所で発生します。**

地下を掘っていくと,かたい岩石の層(地殻)に突き当たります。プレートの沈みこみによる影響で地殻に大きな力がかかると,岩石の中にある"割れ目"を境界として岩石がずれ動く場合があります。このような割れ目を「断層」といい,割れ目がずれ動いた際の衝撃が地表に伝わったものが地震の揺れとなります。断層のずれ動く領域(震源域)が広ければ広いほど,また,ずれ動く量(すべり量)が大きければ大きいほど,地震の規模は大きくなります。

断層は周囲の岩石にくらべると強度が弱くなります。そのため,力が加わった際に何度も同じ場所がこわれることとなり,くりかえし地震が発生することが知られています。なお,断層が都市の真下にある場合,内陸地震は「直下型地震(直下地震)」とよばれることもあります。

地震の種類と発生場所

山脈と平野の間にはしばしば断層が存在します。この断層がずれると内陸地震がおきます。大陸プレート内の浅い場所で発生するため,大きな被害をもたらす場合があります。一方,プレート境界よりも深部の海洋プレートで発生するのがスラブ内地震です。

プレート境界地震（58ページ）

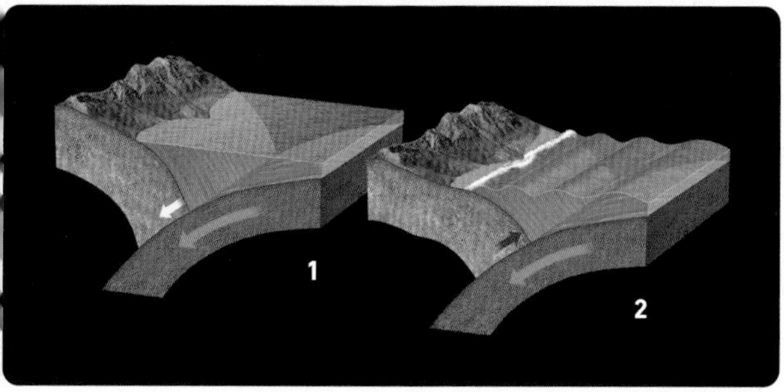

海洋プレートが大陸プレートの下に沈みこんでいき，大陸プレートはそれに引きずられていっしょに沈みこみます（**1**）。そして限界をこえたとき，大陸プレートが元の形にもどろうとはね上がります（**2**）。プレート境界地震は，地球全体で100年間に数回しか発生しない規模の超巨大地震を引きおこします。東北地方太平洋沖地震や，観測史上最大のチリ地震（1960年，震源域は20万平方キロメートル［1000キロメートル×200キロメートル］，平均すべり量は25メートル，M9.5）はこのタイプです。

スラブ内地震

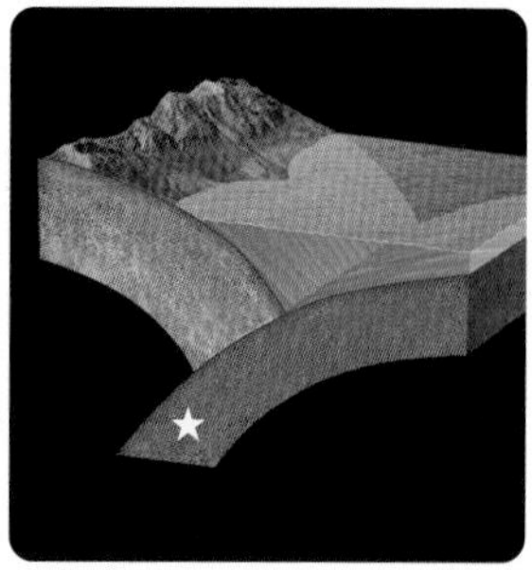

沈みこんだ海洋プレート内での破壊によって，深さ0～700キロメートルで生じる地震。微弱なものが多いが，時に釧路沖地震（1993年，M7.5）のような巨大地震を引きおこすことがあります。

内陸地震

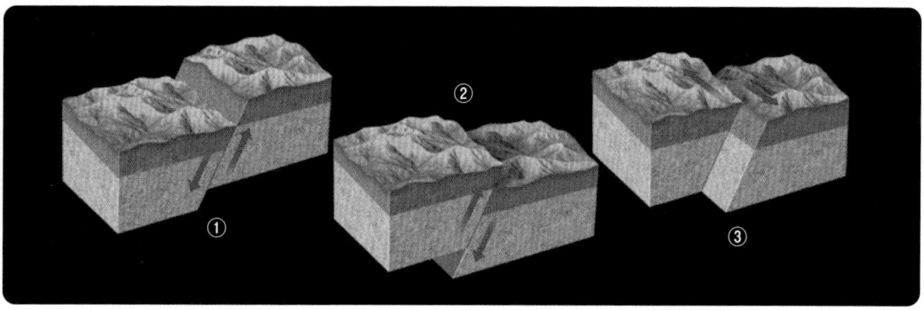

あるプレートがほかのプレートから力を受けることで，プレート内部の浅い部分（地殻）に断層ができます。この断層がずれ動くことによって，地震が発生します。1995年に阪神・淡路大震災を引きおこした兵庫県南部地震はこのタイプです。また，2024年に能登半島で発生した地震もこのタイプで，2011年の東北地方太平洋沖地震に匹敵するゆれを記録しました。

①正断層
断層を境に，一方がずり落ちます。

②逆断層
断層を境に，一方が他方に乗り上げます。

③横ずれ断層
断層を境に，水平方向にずれます。

世界各地に被害をもたらす津波

規模の大きな地震では，「津波」の被害をともないやすくなります。津波は，海底の地形が短時間で隆起あるいは沈降することにより，その上にのっている海水全体が持ち上げられたり下げられたりすることによって発生します。**超巨大地震を引きおこすプレート境界地震では，“はね上がる部分”は多くの場合海底にあります。このため，必然的に超巨大な津波が発生することになるのです。**

超巨大地震は震源域の面積が広く，すべり量も多いため，津波の規模も大きくなります。スマトラ島沖地震では，最大30メートルの高さまで津波が押しよせたといいます。津波は10時間もかからないうちにインド洋を横断し，アフリカ大陸で100人をこえる死者を出しています。

大規模な津波は，チリ地震でも発生しました。チリは日本からみると地球のほぼ真裏に位置しますが，発生から23時間後には3メートルをこえる津波が日本各地に押しよせたのです。

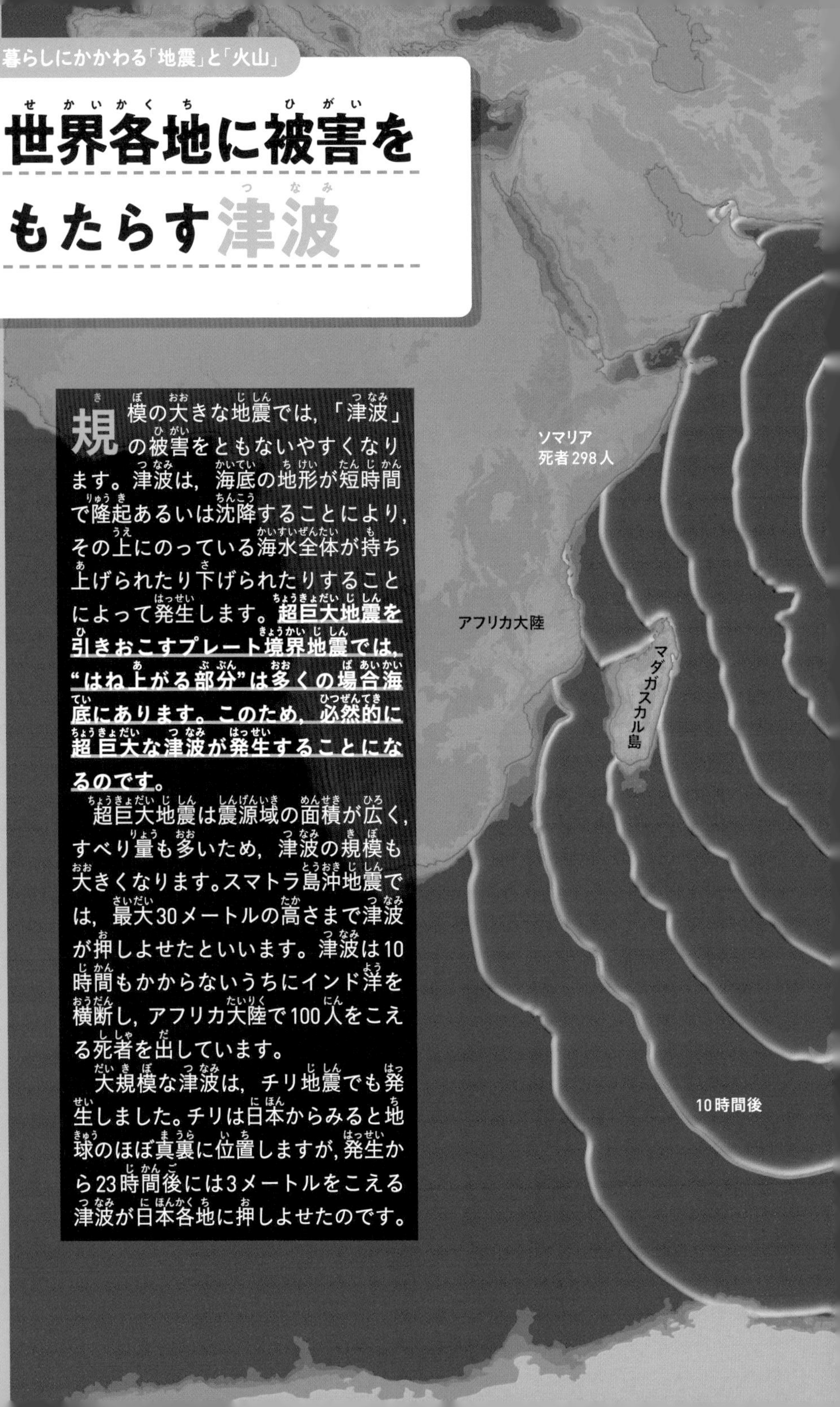

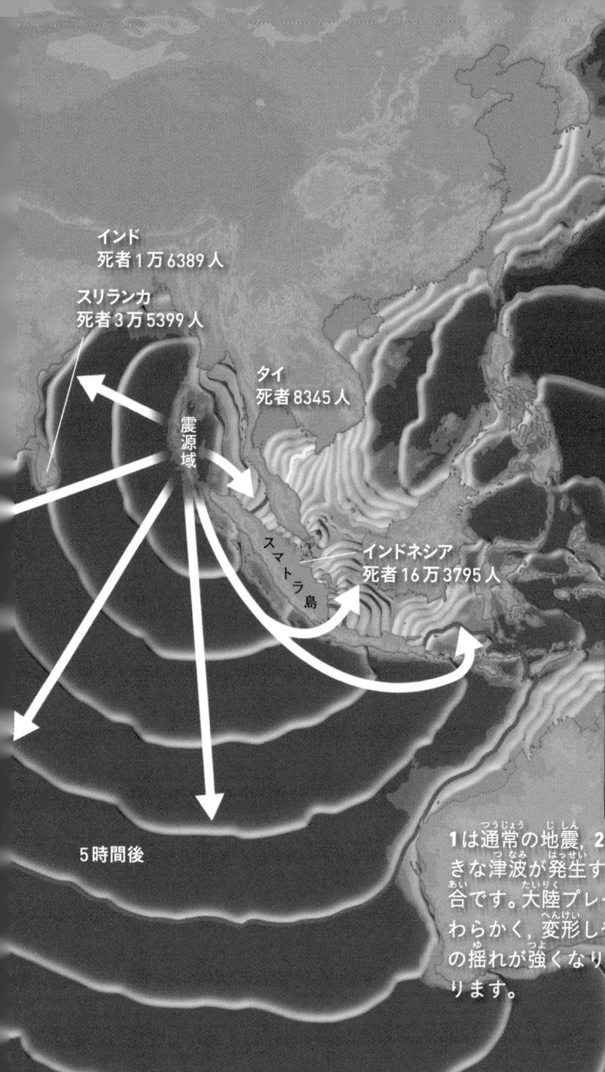

津波発生のメカニズム

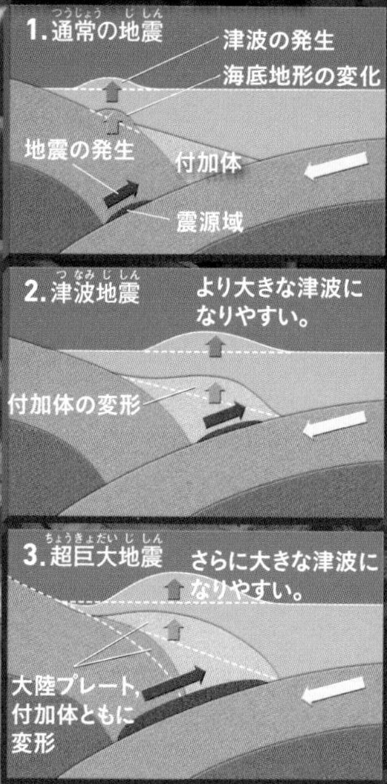

1は通常の地震，**2**は津波地震（地震の規模に対して大きな津波が発生する地震のこと），**3**は超巨大地震の場合です。大陸プレートの先端にある付加体は比較的やわらかく，変形しやすいといえます。これにより地震の揺れが強くなり，大規模な津波が発生する場合があります。

津波の伝播

イラストは，スマトラ島沖地震によって発生した津波の第1波が各地に伝わっていくようすをえがいたものです。津波は，水深の深いところほど速く伝わります。水深10メートルの場所では時速36キロメートルほどですが，水深5000メートルの場所では時速800キロメートルにもなります。超巨大地震による津波は震源近くの沿岸だけでなく，海をまたいで世界各地に被害を広げるおそれがあります。このため太平洋やインド洋沿岸の各国は，津波の情報を共有するシステムをもっています。

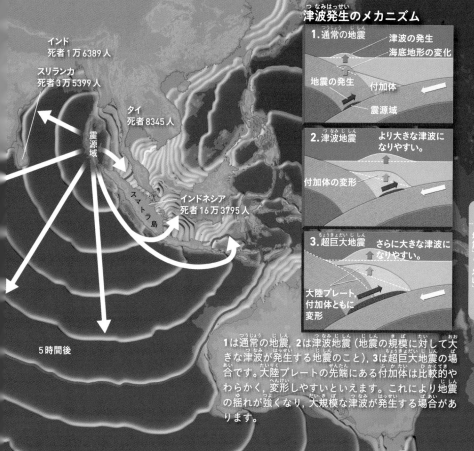

コーヒーブレイク
COFFEE BREAK

地震の強さを伝える「震度」と「マグニチュード」

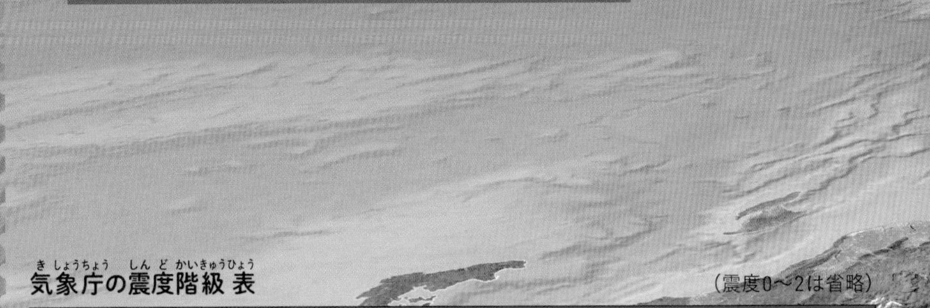

気象庁の震度階級表

（震度0〜2は省略）

震度	状況
3	**屋内にいる人のほとんどが揺れを感じる。** 棚にある食器類が音を立てることがある。電線が少し揺れる。
4	**ほとんどの人がおどろく。歩いている人のほとんどが，揺れを感じる。眠っている人のほとんどが目を覚ます。** つり下げ物は大きく揺れ，棚にある食器類は音を立てる。電線が大きく揺れる。歩いている人も揺れを感じる，など。
5弱	**大半の人が，恐怖を覚え，物につかまりたいと感じる。** つり下げ物ははげしく揺れ，棚にある食器類，書棚の本が落ちることがある。耐震性の低い建物では，壁などに亀裂が生じるものがある，など。
5強	**大半の人が物につかまらないと歩くことがむずかしいなど，人が行動に支障を感じる。** タンスなど重い家具が倒れることがある。耐震性の低い住宅では，壁などにひび割れ・亀裂がみられることがある，など。
6弱	**立っていることが困難になる。** 固定していない重い家具の多くが動き，転倒する。耐震性の低い住宅では傾いたり，倒れたりするものがある，など。
6強	**立っていることができず，はわないと動くことができない。** 固定していない重い家具のほとんどが動き，転倒する。耐震性の低い建物では1階あるいは中間階の柱がくずれ，倒れるものがある，など。
7	**揺れにほんろうされ，自分の意志で行動できない。** ほとんどの家具が大きく動き，飛ぶものもある。耐震性の高い建物でも，1階あるいは中間階が変形し，まれに傾くものがある，など。

地震の強さを伝える尺度に「震度」と「マグニチュード(magnitude)」があります。震度とは地震によって地表がどれくらい揺れたかを示すものであるのに対し，マグニチュードは地震そのものの大きさ（エネルギー）を示す尺度です。マグニチュードの大きい地震でも，震源から遠くはなれたところでは震度は小さくなります。逆に震源に近ければ，マグニチュードは小さくても大きな震度となり，被害が発生します。

一方，マグニチュードが1大きくなると，エネルギーは約32倍になります。たとえばM7とM8では，地震の強さは2倍ではなく約32倍となります。

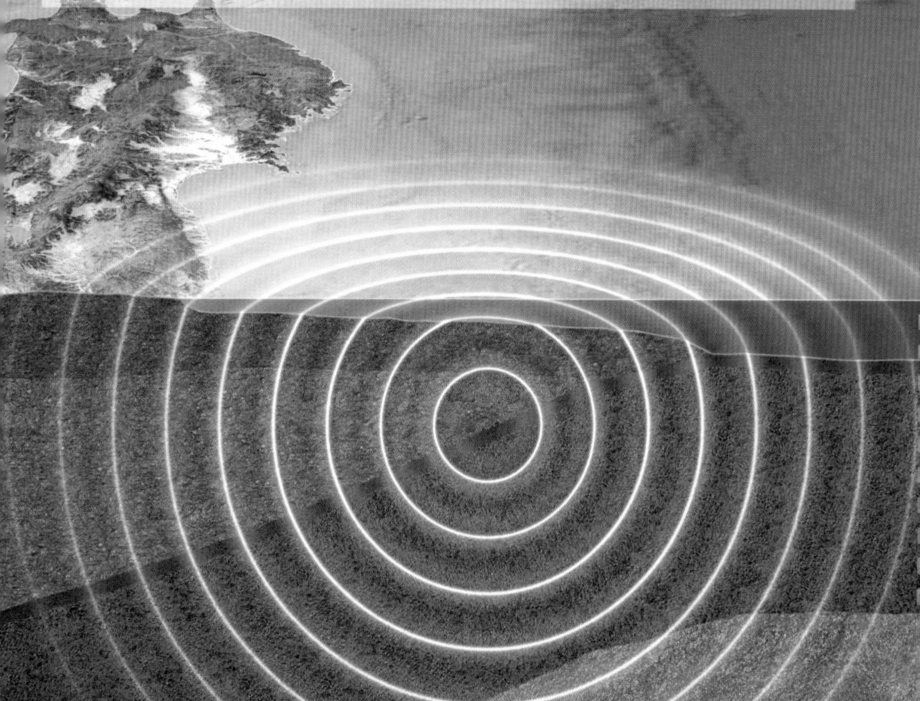

震度の基準とは

震度は気象庁が独自の計測震度計を用いて計測し，発表しています。震度は10段階に分けられ，左の表のようにそれぞれの判定基準が細かく決められています。かつては気象庁の観測官がみずからの体感によって震度を判定していましたが，より科学的な計測を行う必要性が求められた結果，1996年から現在の方法が採用されるようになりました。

プレートがせめぎ合う日本

日本列島は，複数枚のプレートがせめぎ合っている地域にあります。このため，日本列島の大地にはプレート運動の影響により強い力がかかっており，つねに変形をつづけています。ただし大地は無制限に変形できるわけではありません。このためどこかで断層がずれ動くことで，たまったエネルギーを解放しているのです。

断層の中でも，数十万年以内にくりかえし活動しているものを「活断層」とよびます※。**日本では2000以上の活断層が発見されていますが，地下に埋もれてみつかっていないものも多数存在すると考えられています**。つまり日本列島の大地は，全国どこでもその直下で地震が発生する可能性があるということです。

一般論として，地表に見えている活断層の長さが長いほど，より規模の大きな地震を発生させる可能性があります（地下の活断層の面積も大きいため）。また過去の地震の経験から，地表に見えている活断層の長さが20キロメートルあれば，マグニチュード（M）7級の地震が発生しうるといいます。

地表に見えている活断層の長さが短かったり，あるいは完全に地下に埋もれた断層（伏在断層）であったりしても，大地震が発生する場合があります。また，小規模な断層で発生した地震がたとえM5～6級であっても，断層の近くでは大きな被害が発生する場合があります。地表の痕跡は活断層の存在を教えてくれますが，それだけですべてをカバーできるわけではないのです。

複数のプレートがせめぎ合う日本

日本列島では，東日本がのる「北アメリカプレート」と西日本がのる「ユーラシアプレート」の下に，南東から「フィリピン海プレート」が沈みこんでいます。さらに東からは，「太平洋プレート」が沈みこんでいます。

※：あるいは新生代・第四紀（約260万年前）以降に活動した断層を，すべて活断層とする場合もあります。

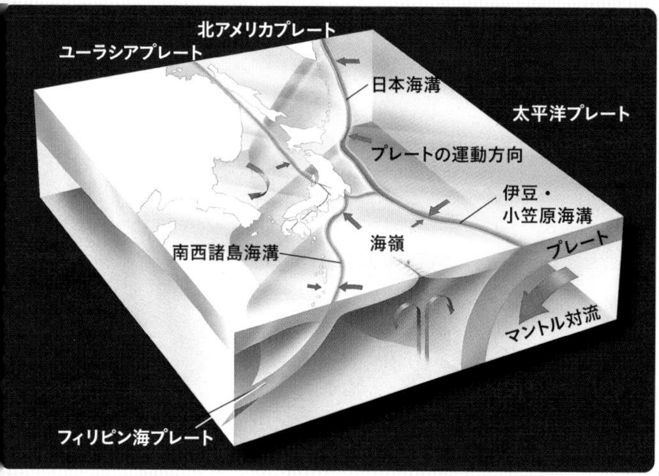
北アメリカプレート
ユーラシアプレート
日本海溝
太平洋プレート
プレートの運動方向
伊豆・
小笠原海溝
海嶺
南西諸島海溝
プレート
マントル対流
フィリピン海プレート

2019年 M5.8
最大震度6弱
2018年 M6.7
最大震度7
2019年 M6.7
最大震度6強
2016年 M5.3
最大震度6弱
2004年 M6.8
最大震度7
2007年 M6.8
最大震度6強
1998年 M6.2
最大震度6弱
2011年 M6.7
最大震度6強
2023年 M6.5
最大震度6強
2024年 M7.6
最大震度 7
2014年 M6.7
最大震度6弱
2008年 M7.2
最大震度6強
2003年 M6.4
最大震度6強
2016年 M6.6
最大震度6弱
2007年 M6.9
最大震度6強
2011年 M7.0
最大震度6弱
2000年 M7.3
最大震度6強
2018年 M6.1
最大震度6弱
2005年 M7.0
最大震度6弱
2016年 M6.3
最大震度6弱
2011年 M6.4
最大震度6強
2019年 M5.1
最大震度6弱
2016年
M7.3 最大震度7
1995年 M7.3
最大震度7
2016年 M5.8
最大震度6強
2013年 M6.3
最大震度6弱
1997年 M6.4
最大震度6弱
南西諸島
宮古島

関東地方に地震が多い理由

日本は“地震大国”ですが，中でも関東地方※1はとくに地震が多い地域です。たとえば気象庁の「震度データベース」によると，1923年1月1日～2013年12月31日の間に日本および日本周辺の海で発生し，震度1以上の揺れが観測された約8万6900回の地震のうち，関東地方の地下を震源とする地震は約1万4600回でした。東海地方※2の約6600回，近畿地方※3の約5300回とくらべると，いかに多いかがわかります。

関東地方で地震が頻発する理由は，地下で3枚のプレートが重なり合っているからです（右のイラスト）。東日本の大地をのせた「北アメリカプレート」の下に，南東から「フィリピン海プレート」が1年間に5センチメートルの速度で沈みこんでいます。さらに，北アメリカプレートとフィリピン海プレートの下には，東から「太平洋プレート」が年間約10センチメートルの速度で沈みこんでいます。

北アメリカプレートとフィリピン海プレートの境目では，180～590年間隔で，過去にくりかえし巨大地震（関東地震）が発生してきたと推測されています。**現在，政府がとくに警戒している地震は，M7級の「首都直下地震」です。M7級の首都直下地震とは，東京およびその周辺地域で発生する大規模な地震のことです（関東地震の余震は除く）。**過去の地震の履歴を調べると，過去400年の間にM7級の首都直下地震が複数回発生しています。

地震調査研究推進本部によると，M7級の首都直下地震が今後30年間に発生する確率は70％程度と考えられています。つまりM7級の首都直下地震は，いつおきても不思議ではないのです。

※1：東京都，神奈川県，埼玉県，千葉県，茨城県，栃木県，群馬県。
※2：静岡県，愛知県，岐阜県，三重県。
※3：兵庫県，大阪府，京都府，奈良県，滋賀県，和歌山県。

関東地方のプレートと地震

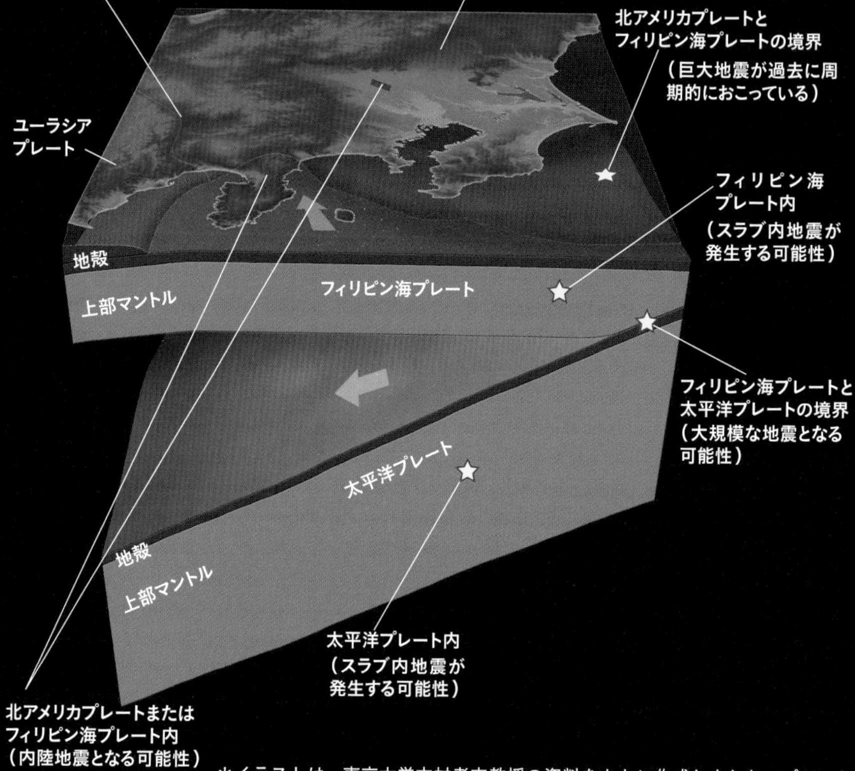

＊イラストは，東京大学古村孝志教授の資料をもとに作成しました。プレートの位置は，地震の震源から推測されたものです。なお，プレートの斜面を見やすくするために，プレートとプレートの間にあるマントルはえがいていません。

関東地方のプレートと地震

関東地方は3枚のプレート（北アメリカプレート，フィリピン海プレート，太平洋プレート）が重なり合う場所であるため，さまざまなタイプの地震がおこりやすくなります。上の図には，それらの地震の発生場所を示しました。

プレートが変動するようすを陸と海から観測

地震の発生を予測するため，日々さまざまな研究が進められています。その一つが，プレートが変形するようす（ひずみの蓄積）の観測です。

プレートの変形は，プレートが動いた方向と量の測定値から推定できます。陸域については1990年代以降，衛星測位システムを利用することで，非常に高い精度でその測定が可能になりました。地上に設置された「基準局」で測位衛星からの電波を受信し，その位置をミリメートル単位で測定するのです。

一方，測位衛星の電波が届かない海中は測定がむずかしくなります。そこで開発されたのが，海上の船を中継地点とする方法です。船と海底にある基準局との位置関係を音波で測定し，さらに船と測位衛星との位置関係を電波で測定することで，海底の基準局の位置を特定します。その誤差はわずか年間1センチメートル程度以内だといいます。

プレート境界の接着の強度を測定することは，将来の地震発生予測につながる可能性があります。地震が発生する前には，接着が強い領域（アスペリティ）の周辺部でスロースリップが発生してだんだんと接着がはがれ，いよいよ耐えきれなくなったときに，プレートが一気にずれ動いて地震発生へと至る場合があると考えられています。このような現象をリアルタイムでとらえることができれば，地震の発生が近づいていることを察知できる可能性があるのです。

たとえば，紀伊半島沖や，室戸岬から潮岬沖の海底には，海洋研究開発機構（JAMSTEC）によって開発された「DONET（Dense Oceanfloor Network system for Earthquakes and Tsunamis）」という観測網が構築されています。DONETは地震や津波の観測・監視システムです。

S-net（日本海溝地震津波観測網）は，地震と水圧計が一体となった観測装置を海底ケーブルで接続した観測網のことです。観測データは，防災科学技術研究所などに送られ，地震と津波の監視や海域の地殻構造の解明などに活用されています。

海底の地殻変動の測定

海上保安庁で行われている，船を中継地点として海底の地殻変動を測定する方法。

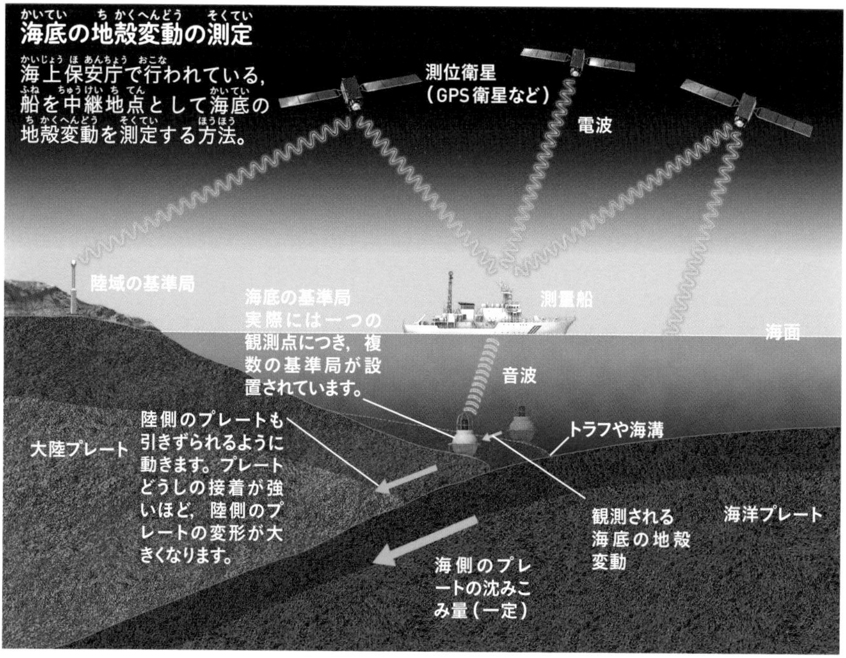

地震・津波観測システム

防災科学技術研究所により，現在二つの地震・津波の観測システムが運用・管理されています。

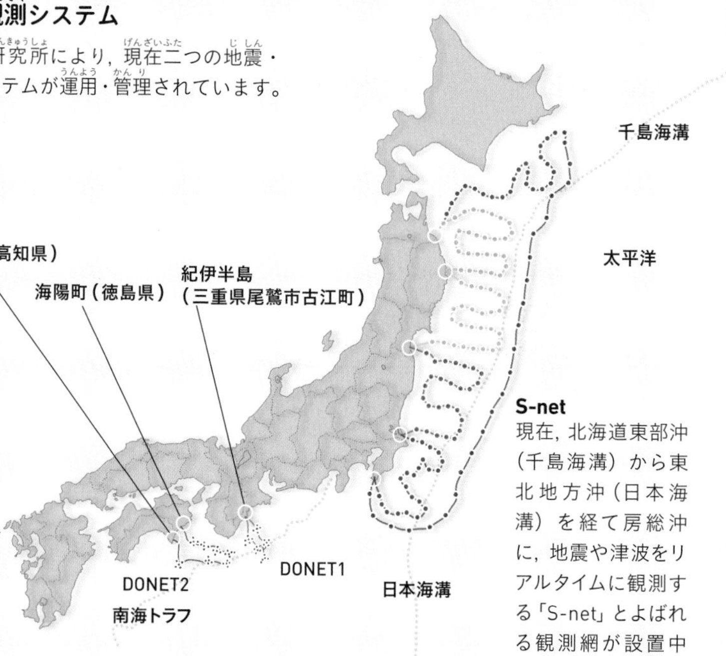

DONET
地震によるはげしい振動から地殻変動のようなゆっくりした変動までキャッチすることができます。

S-net
現在，北海道東部沖(千島海溝)から東北地方沖(日本海溝)を経て房総沖に，地震や津波をリアルタイムに観測する「S-net」とよばれる観測網が設置中です(2016年から一部運用を開始)。

火山噴火の原理は炭酸飲料と同じ

火山の噴火とは，地下のマグマが地表へと噴出する現象です。マグマは，日本列島の地下100～150キロメートル付近で生まれます。上部マントルから上がってきたマグマは，地下数キロメートルのところに「マグマだまり」をつくります。

マグマには水蒸気や二酸化炭素，二酸化硫黄などが含まれています。地下は圧力が高いため，これらの成分（気体）はマグマ（液体）の中に無理やり大量に閉じこめられた状態です。たとえば缶入りの炭酸飲料のふたを開けたとき，炭酸ガスの泡が出ます。場合によっては，泡が勢いよく噴きだすこともあります。噴火はこれと同じ現象です。**マグマを押さえつけていた圧力が何らかの原因で下がると，マグマの中にとけていたガス成分が発泡します。この現象が急激におこると，爆発的に地表へと噴きだします。**その際，マグマは細かい断片となる一方で，温度はやや下がって固体の粒子となります。これが火山灰や軽石などであり，これらとガス成分がいっしょになって噴煙として上空に向かって立ちのぼります。

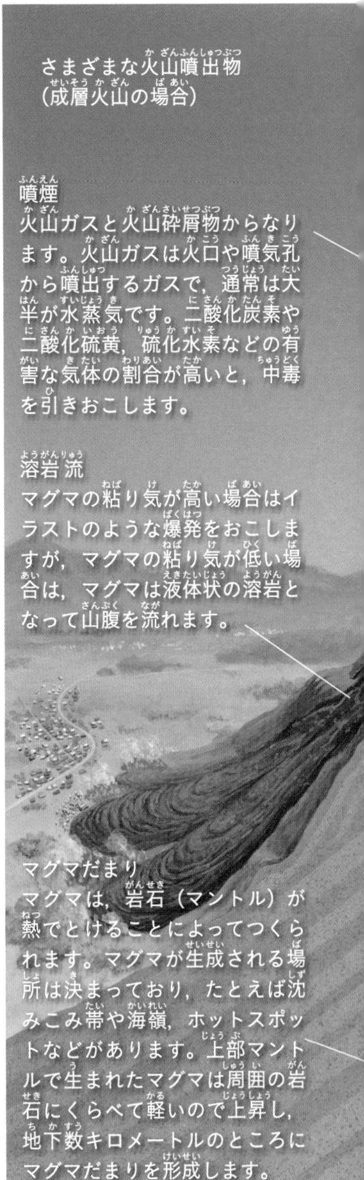

さまざまな火山噴出物
（成層火山の場合）
噴煙
火山ガスと火山砕屑物からなります。火山ガスは火口や噴気孔から噴出するガスで，通常は大半が水蒸気です。二酸化炭素や二酸化硫黄，硫化水素などの有害な気体の割合が高いと，中毒を引きおこします。
溶岩流
マグマの粘り気が高い場合はイラストのような爆発をおこしますが，マグマの粘り気が低い場合は，マグマは液体状の溶岩となって山腹を流れます。
マグマだまり
マグマは，岩石（マントル）が熱でとけることによってつくられます。マグマが生成される場所は決まっており，たとえば沈みこみ帯や海嶺，ホットスポットなどがあります。上部マントルで生まれたマグマは周囲の岩石にくらべて軽いので上昇し，地下数キロメートルのところにマグマだまりを形成します。

火山灰
火口から噴煙に含まれて舞い上がり，上空の風に流されて広範囲に飛散します。航行中の飛行機にエンジントラブルを引きおこしたり，降り積もって農作物に被害をあたえたりします。
火山砕屑物
マグマにとけていた水が発泡して多孔質になった軽石や火口周辺の岩石などが，砕けてできたもの。直径2ミリメートル以下のものを「火山灰」，2～64ミリメートルのものを「火山礫」，64ミリメートル以上のものを「火山岩塊」とよびます。
山体崩壊
爆発的な噴火や地震によって，山がくずれる現象。
火砕流
重くなった噴煙が上昇できず，山を流れくだったもの。その速さは時速100キロメートルをこえる場合もあります。火砕流の中には1990年に長崎県の雲仙普賢岳でおきた噴火のように，溶岩ドーム（溶岩が火口付近に積み重なってできた丘）がくずれて発生するものもあります。

さまざまな大きさと構造をもつ火山

単成火山

溶岩円頂丘

粘り気の高い溶岩が火口上に盛り上がって形成された，半球状の小火山。「溶岩ドーム」ともよばれます。火道を次々に上昇する溶岩に押されて，それより前に噴出した溶岩が横に広がるため，タマネギ状の構造をつくります（例：雲仙普賢岳など）。

スコリア丘

火山砕屑物の一種である「スコリア」が，火口周辺に積もってできた丘。数日から数年ほどの短期間でできます。多くは高さ200メートル以下，火口の直径が100～200メートル程度です（例：大室山［伊豆東部火山群］など）。

タフリング

高温のマグマが海水や地下水などと接触することでおきる強い「マグマ水蒸気爆発」と，火口周辺に積もった火山灰により形成された，低い環状の丘（例：伊豆大島の波浮港周辺など）。なお，タフリングより高さがある（爆発力が弱かった）ものは「タフコーン」といいます。

火山の大きさや構造にはさまざまなものがあります。まず，**火山には「単成火山」と，同じ火道（マグマの通り道）を用いて複数回の噴火をくりかえして生じた「複成火山」があります**。単成火山は小型で，群をなしていることが多く，さらに雲仙普賢岳のような「溶岩円頂丘」，大室山のような「スコリア丘」，伊豆大島の波浮港周辺のような「タフリング」などに分けられます。一方，複成火山は大型で孤立して存在することが多く，日本でみられるほとんどの火山がこのタイプです。富士山のような「成層火山」，ハワイのキラウエア山のような「盾状火山」，有珠山のような「カルデラ火山」などに分けられます。

複成火山

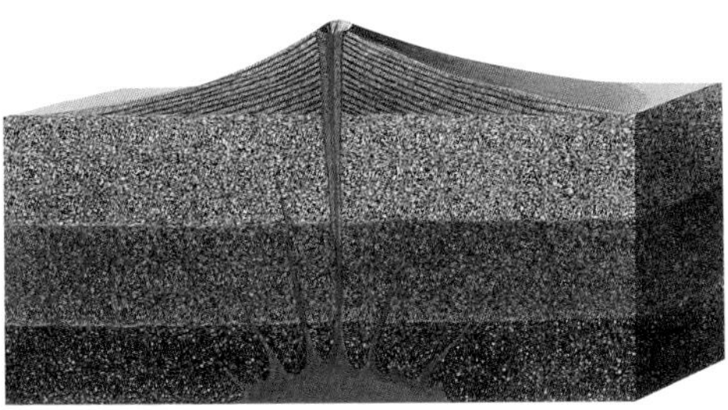

成層火山

大きな爆発をともなう噴火により，溶岩や火山砕屑物が火口周辺に積み重なってできます。円錐形の火山で，日本では最もよくみられます。粘り気のやや高いマグマにより形成され，傾斜の大きな山体と広大なすそ野が特徴です（例：富士山，浅間山，桜島など）。

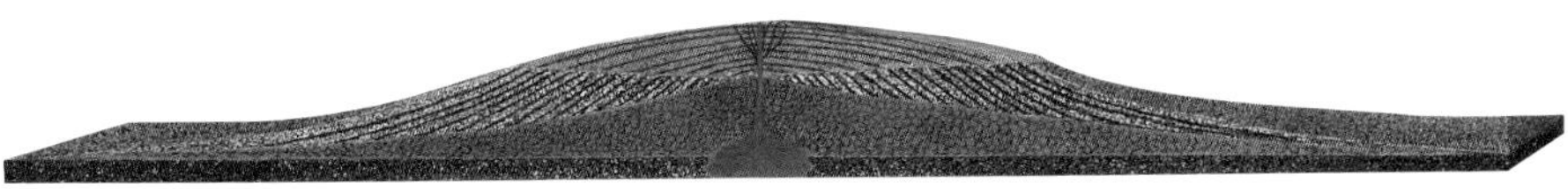

盾状火山

傾斜が10度以下のなだらかな山体をもつ円錐形の火山。爆発的な噴火をともなわずに噴出した，粘り気のきわめて低い溶岩流が多数重なってできます。ハワイのキラウエア山やマウナ・ケア山など。マウナ・ケア山は海底から成長した巨大な盾状火山で，海底からの高さは約1万メートルに達します（標高は4205メートル）。

カルデラ火山

火山活動や火口の崩壊によってできた，巨大な円形の陥没地形をもつ火山。なお，過去にできたカルデラや火口の中に，複数の小さな火山が形成されたものは「複式火山」とよびます（例：有珠山，阿蘇山，三原山（伊豆大島）など）。

火山の成り立ちは大きく3種類に分類される

凡例
：環太平洋火山帯
：ホットスポットの位置
：海嶺

火山の分布図

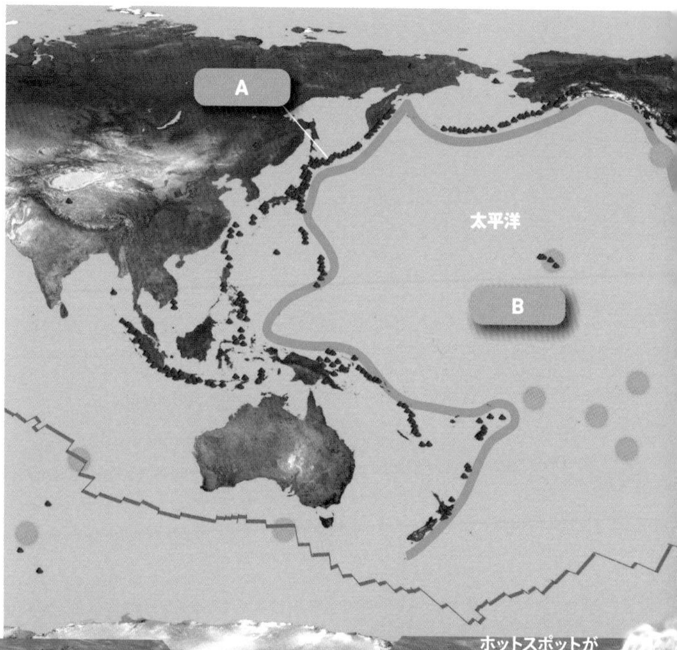

A.
海溝に沿ってできる火山（下）

海溝で一方のプレートが他方の下に沈みこむとき，プレートとともに水がもぐりこみます。これによりマントルの融点が大きく下がり，マグマとなります。このマグマが，火山をつくりだします。太平洋岸を縁どるように分布する火山は「環太平洋火山帯」とよばれます。

火山はその成り立ちに着目すると，3種類に分類することができます。下の火山分布図を見ると，多くの火山が太平洋岸を縁どるように分布しています。これらは「海溝に沿ってできる火山」で，プレートの沈みこみで生じたマグマによりつくられます。

一方，南太平洋や，太平洋中央部にあるハワイ諸島には，“孤立”して存在する火山島や海底火山（海山）があります。これらは「ホットスポット火山」とよばれるものです。ホットスポット火山は「地溝に沿って出現する」場合もあります。

また，海嶺ではその峰にある割れ目から新しいプレートが生まれています。この割れ目に沿って噴出する溶岩により形成されるのが「海嶺火山」です。

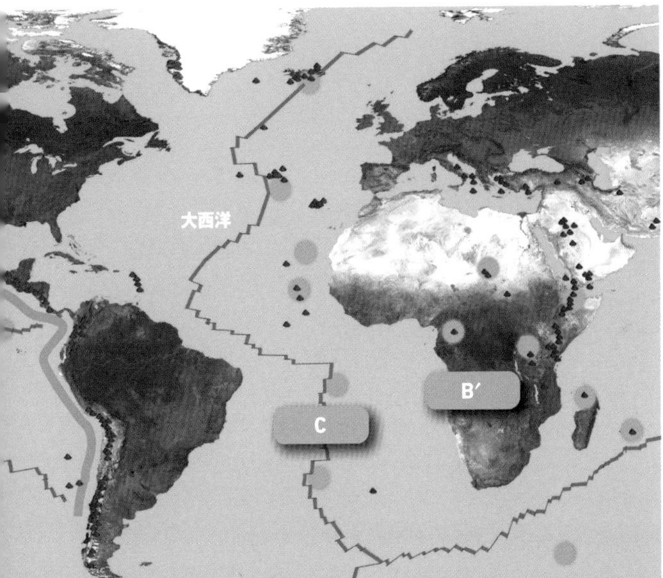

C. 海嶺火山

海嶺は，プレート拡大にともなってマグマが噴出していることから，地球上のマグマ生産量の$\frac{2}{3}$以上を占める，地球最大の火山活動の場です。

B′. （BとCの組み合わせ）
地溝沿いに出現する火山
（ホットスポット火山，下）

アフリカ大陸東部はマントル上昇流の影響で大地が裂けて広がり，大規模な地溝帯が形成されています。この大地溝帯ではホットスポットからマグマがわき上がり，多数の火山を形成しています。

B. ホットスポット火山（左）

南太平洋の海底には，マントル上昇流の影響により多数のホットスポットがあります。これらはハワイ諸島まで，枝状につながっていると考えられています。ハワイ諸島は，海山が成長し海面上に姿をあらわした火山島です。ホットスポットの位置は基本的には変わりません。

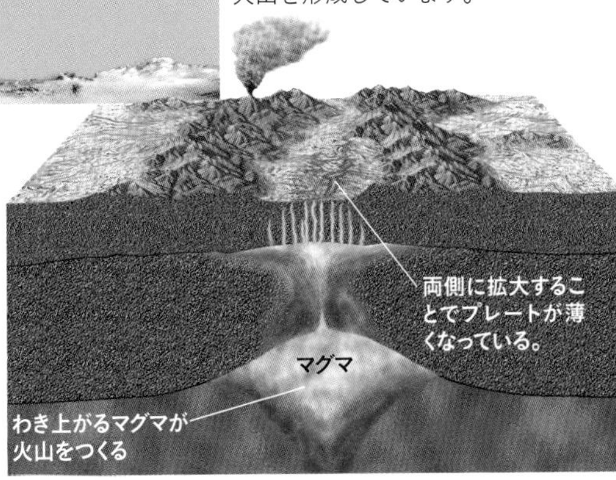

両側に拡大することでプレートが薄くなっている。
マグマ
わき上がるマグマが火山をつくる

複数の火口がつながってできた「カルデラ」

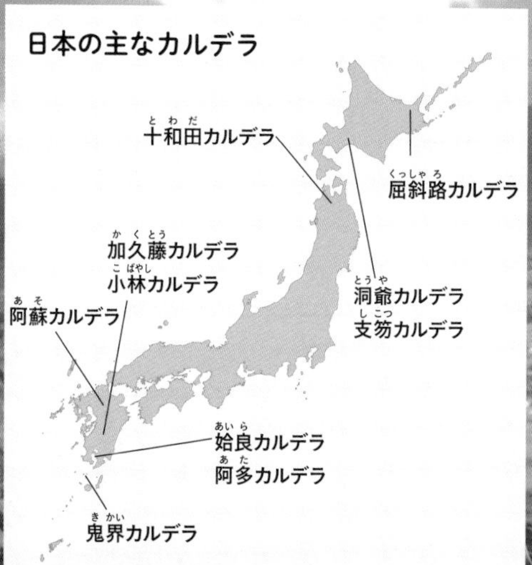

カルデラができるまで

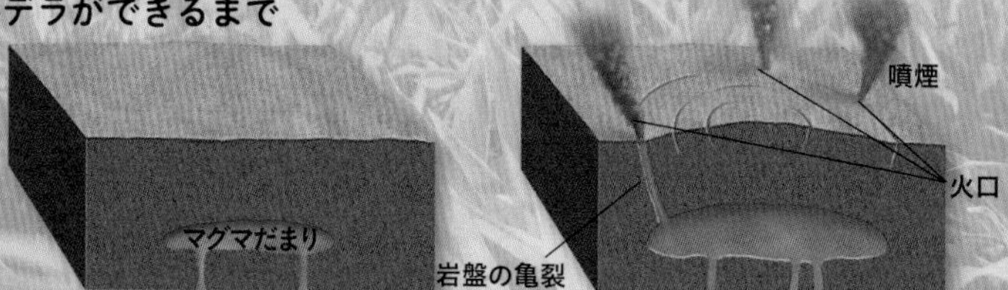

1. マグマの蓄積

マグマだまりの構造は必ずしも明らかになっていませんが，超巨大噴火が発生する場所では，地下10キロメートルほどのところに薄い円盤状に広がっている場合が多いと考えられています。

2. 噴火の開始

大量のマグマを蓄積した状態になると，マグマの圧力によって噴火が発生します。このとき複数の火口ができますが，これらはマグマだまりを縁どる円周上に形成される場合が多くなります。

普通の噴火は，マグマだまりにマグマが供給されることによる圧力増加や，減圧による発泡によって，地面に亀裂が入ることではじまります。一方超巨大噴火（カルデラ噴火）は，巨大なマグマだまりにたまった大量のマグマ自体の浮力によって，地面に亀裂が入ることで噴火に至ると考えられています。

地下にできた巨大なマグマだまりは薄い円盤状をしており，亀裂はその輪郭（円周付近）を縁どるようにできることが多く，それぞれの火口が成長しながらやがてひとつながりとなります。その後，マグマが地表へ噴出することで円の中心部の地下は空洞となり，岩盤は支えを失って陥没します。**噴火がおさまったあとに出現する巨大な円形の陥没地形が「カルデラ」です。**

阿蘇カルデラ

南北25キロメートル，東西18キロメートルの大きさがあり，現在では街や農地として利用されています。阿蘇カルデラでは約27万年前（Aso-1），約14万年前（Aso-2），約12万年前（Aso-3），約9万年前（Aso-4）の計4回，大規模な噴火が発生しています。

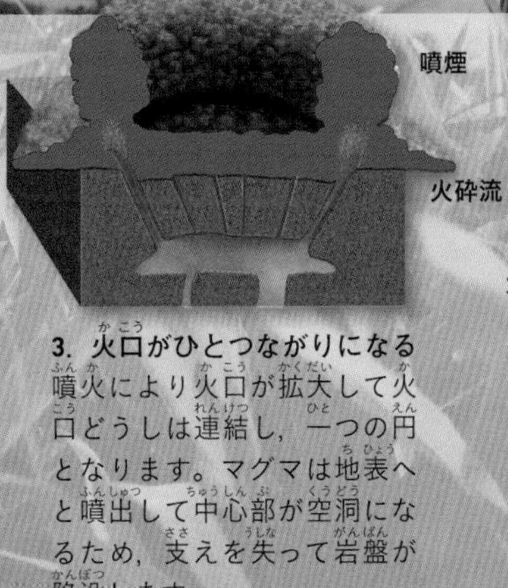

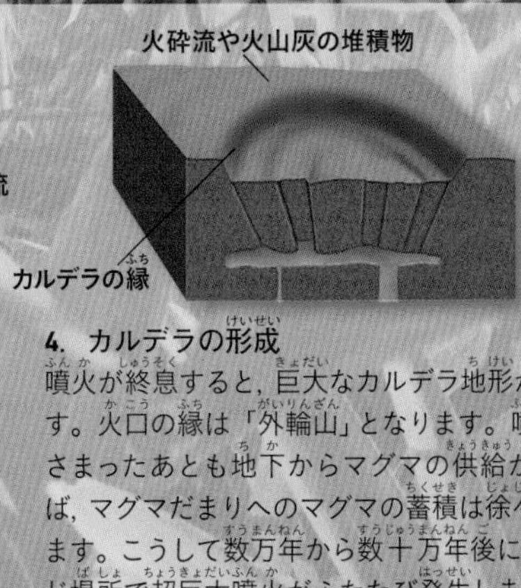

3. 火口がひとつながりになる

噴火により火口が拡大して火口どうしは連結し，一つの円となります。マグマは地表へと噴出して中心部が空洞になるため，支えを失って岩盤が陥没します。

4. カルデラの形成

噴火が終息すると，巨大なカルデラ地形が残ります。火口の縁は「外輪山」となります。噴火がおさまったあとも地下からマグマの供給がつづけば，マグマだまりへのマグマの蓄積は徐々に進みます。こうして数万年から数十万年後に，ほぼ同じ場所で超巨大噴火がふたたび発生します。

富士山は，三つの火山が重なってつくられた

富士山は日本を代表する山です。標高は3776メートルで，凹凸の少ない美しい山体が特徴です。富士山は過去に何度も噴火をくりかえし，今の姿となりました。

今から数十万年前，現在の富士山がある場所よりも少し北側で噴火がはじまります。「先小御岳火山」の誕生です。十数万年前になると，先小御岳火山と同じ場所から「小御岳火山」が噴火をはじめ，先小御岳火山は埋めつくされてしまいます（**1**）。10万年前ごろになると，今度は小御岳火山の中腹で「古富士火山」が噴火を開始します。古富士火山は爆発的な噴火をくりかえし，成長していきます（**2**）。そして約1万年前，現在の富士山となる「新富士火山」が，古富士火山をおおうように噴火します。新富士火山からは大量の溶岩が短期間に流れだし，これにより古富士火山はほとんど埋めつくされてしまいます（**3**）。

つまり，**現在の富士山は，三つの火山が重なってできたものなのです。なお新富士火山は，現在もその活動をつづけています。**

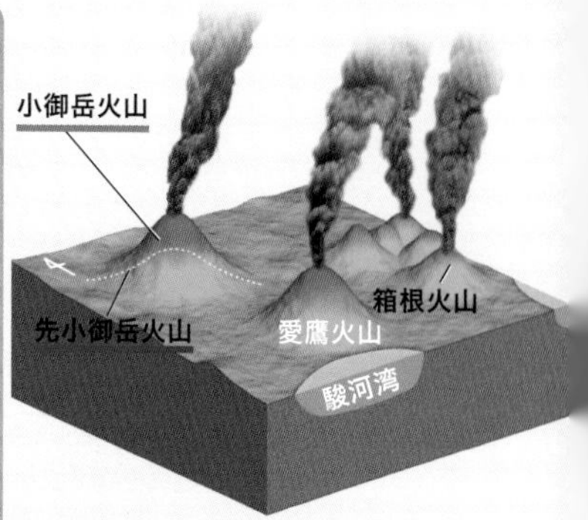

1. 数十万〜十数万年前

数十万年前に開始した噴火により，先小御岳火山が誕生しました。このころ，箱根火山や愛鷹火山も活発に活動していました。十数万年前になると小御岳火山が噴火をはじめ，先小御岳火山は埋めつくされます。

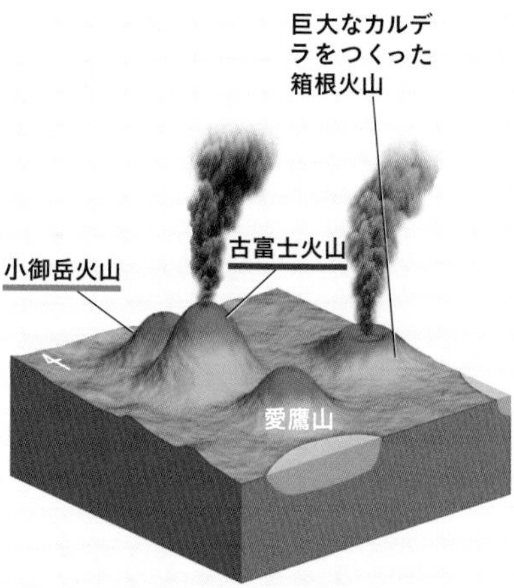

2. 約10万〜約1万年前

約10万年前，小御岳火山の中腹で噴火をはじめた古富士火山は，爆発的な噴火をくりかえして成長します。一方で箱根火山は，何度もおきた爆発的な噴火により，直径約10キロメートルにもおよぶ巨大なカルデラを形成します（愛鷹山は，このころには噴火を終えています）。

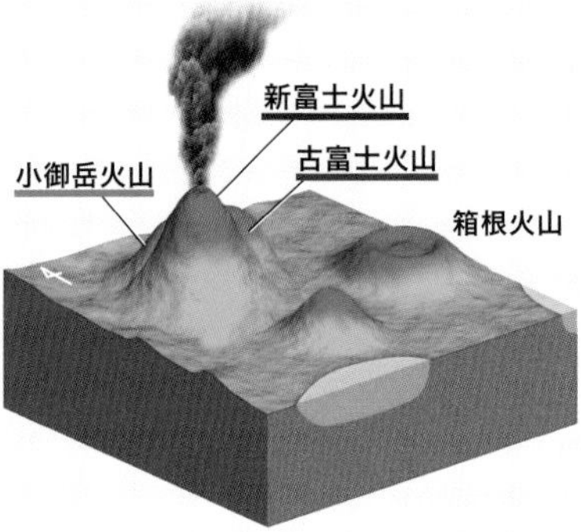

3. 約1万〜約2900年前

約1万年前になると，新富士火山が噴火を開始します。古富士火山は，新富士火山から流れでた大量の溶岩によりほぼ埋めつくされます。

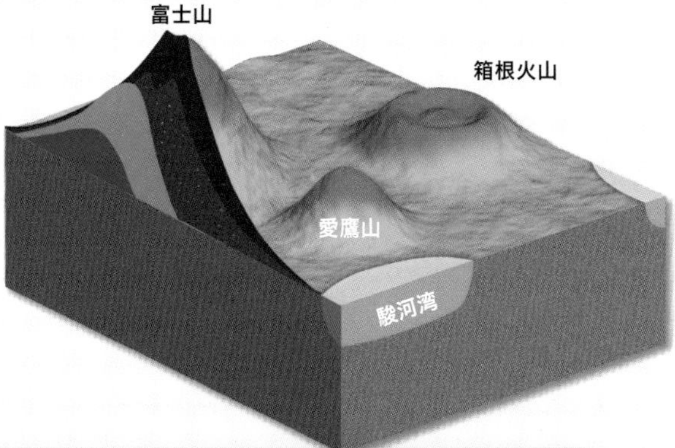

富士山の内部構造

現在の富士山（新富士火山）の下には，先小御岳火山，小御岳火山，古富士火山が埋まっています。新富士火山の東斜面には，かつて古富士火山の山頂が頭を出していましたが，約2900年前におきた「御殿場岩屑なだれ」で崩壊しました。

写真は，富士山と北東のすそ野に広がる富士吉田市（山梨県）。

豊かな水をたくわえる富士山

富士山は「水の山」ともよばれ，山麓に多くのわき水がみらます。およそ1万年前に富士山から流出したマグマは，水を通さない泥流層の上に板状に重なり，溶岩層となりました。溶岩層は層の境目に空洞が多く，雪解け水を大量にたくわえることができます。その水が，溶岩層の末端から地表にわきだしているのです。

火山噴火の直前におきる前兆現象

火山噴火の直前には，さまざまな前兆現象がおきます。**たとえばマグマが蓄積したり上昇したりすると，山体がふくらみます。火山性地震の発生も，噴火を示すサインの一つです。ほかにも，火山ガスの噴出や地熱の上昇，地磁気の異常などがおきる場合もあります**。これらは気象庁や大学・研究機関などが設置した機器により日々観測され，噴火の予測などに役立てられています。

ただし，噴火予測は一筋縄ではいかないといいます。火山ごとに前兆現象のパターンがことなるためです。また過去のデータが蓄積されていない火山では，前兆らしきものをとらえても，ほんとうに噴火につながるかどうかについての判断はむずかしいのです。仮に明確な前兆現象をとらえたとしても，噴火に至るまでに必ずしも時間的な余裕があるとは限りません。私たちの日常をおびやかすほどの大噴火は滅多におきる災害ではありませんが，普段から関心をもち，情報を集めておくことが重要といえます。

富士山を360度とりかこむ 噴火観測網

噴火の前兆をとらえるために，各自治体や研究機関が富士山に設置している観測点の位置を示しました。マグマが上昇していく過程で発生する火山性地震の観測によって噴火の開始時期を推測したり，震源の分布からマグマの位置を推定できたりする場合があるため，広範囲にわたって地震計が設置されています。なお，山体に設置されたGPSや傾斜計は，マグマの上昇などによる山体のふくらみをとらえるためのものです。

主な観測装置の配置図

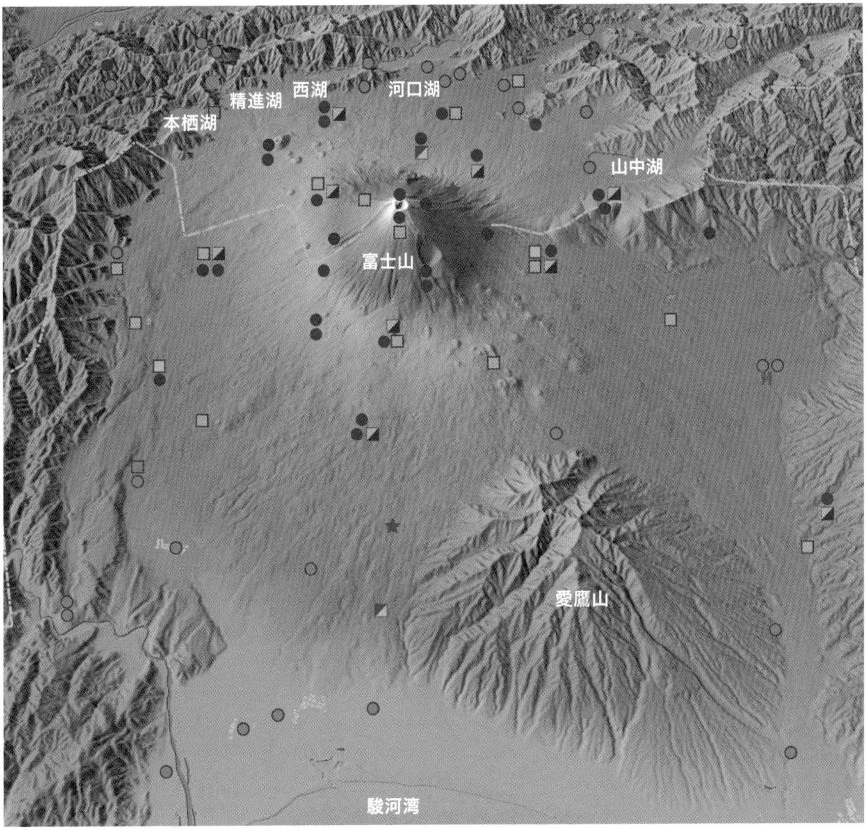

（イラストは，火山噴火予知連絡会 藤井敏嗣会長提供の資料をもとに作成）

凡例

	地震をとらえる
●	高感度地震計 無感地震や微小地震の検出を行う。
●	震動観測（短周期） 高周波地震や火山性微動を主に観測。
●	震動観測（広帯域） 低周波地震や火山性微動を主に観測。
●	震度計 地震の加速度や周期から震度を算出する。

	マグマの蓄積をとらえる
■	GPS ある2点間の距離の変動を観測する。
◪	傾斜計 山の斜面の傾きの変化を観測する。
◪	ひずみ計 地下の岩盤ののび・ちぢみを観測する。

	その他
□	空振観測 爆発的な噴火によっておきる衝撃波（空振）をとらえる。
■	遠望観測 高感度なライブカメラにより，山体の観察を行う。
★	磁気観測 火山を主に構成する岩石は磁気をおびているが，マグマが上昇することなどにより岩石の温度が上昇すると磁気が失われる。この磁気の変化から，マグマの動きを推測する。

コーヒーブレイク
COFFEE BREAK

もし富士山が噴火したら……

富士山がもし噴火したら，いったいどんな現象がおこるのでしょうか。**火山災害で最もおそろしいものの一つが，「火砕流」です**。火砕流とは，マグマが冷え固まってできた軽石や岩石などが，火山ガスや周囲の空気と一体となって流れくだる現象です。火砕流は500℃をこす高温であり，時速100キロメートルをこえる速さでせまってくるため，回避することはむずかしいのです。

また「火山灰」は，わずか1ミリメートル降り積もっただけでも，鉄道やバス，飛行機などといった交通機関を運行不能にします。実は，火山灰を除去することは，きわめてむずかしいといいます。雨などによりぬれると，火山灰はセメントのように固まって重くなります。また，雪のようにとけるわけではないため，多くの量を下水溝に流すこともできません。

政府の中央防災会議が設置した有識者会合によれば，富士山で大噴火がおきた場合，東京都心に10センチメートル程度の火山灰が降る可能性があるといいます。また同報告では，処理が必要とされる火山灰の総量を最大約4.9億立方メートルと試算しています。これは，10トン積みダンプで約9800万台分です。つまり，首都を含む一帯は，長期間火山灰の被害を受けつづけることになると考えられるのです。

街を襲う火砕流と火山灰

火砕流は猛スピードで山肌を流れくだります。富士山頂から南に約17キロメートルはなれた静岡県富士市では，過去の火砕流の跡がみつかっています。つまり，もし富士山が大噴火をおこせば，東名高速道路や東海道新幹線が寸断される可能性もゼロではないのです。

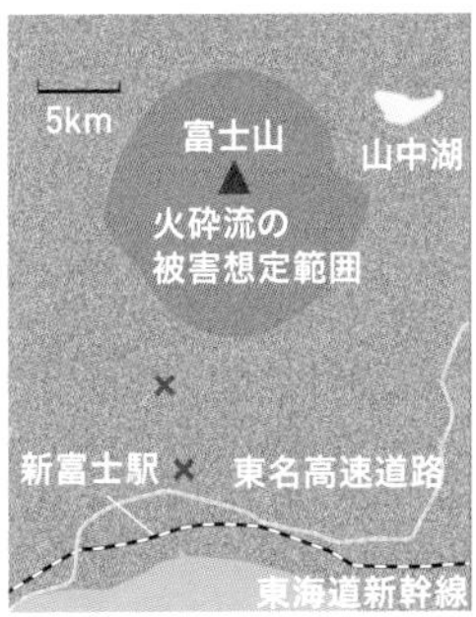

内閣府が主導し，作成された「富士山ハザードマップ」で示された火砕流の被害想定範囲と，過去の地質調査でみつかった火砕流の跡（×印）をえがきました。もし大規模な火砕流が発生した場合，日本の東西を結ぶ大動脈が火砕流に巻きこまれる危険性もあります。

4

生命の存在に欠かせない「大気」と「海洋」

地球に生きるすべての生き物は，気候変動の影響を大きく受けています。晴れたり曇ったり，雨や風，気温や水温など，はげしい変化は生命の存在や存続に重大な意味をもっています。地球の気候を大きく動かすものは「大気」と「海洋」です。4章では，この二つについて，くわしく解説していきます。

地球をおおう大気には四つの層がある

地球は100キロメートル程度の厚さの大気におおわれ，温度変化の特徴により大気は4層に区分されます。

最も下層にあるのが，高度10キロメートル程度の「対流圏」です。対流圏では，高度が高くなるほど気温が低下します。また，大気の対流により，雲ができる，雨が降るなどの気象現象がおきます。

高度10～50キロメートルの「成層圏」では，オゾン層が生物にとって有害な紫外線を吸収し，大気を加熱しています。これにより，成層圏は上空ほど気温が高くなっています。

高度50～80キロメートルには「中間圏」が，高度80～500キロメートルには「熱圏」が存在します。中間圏は高度とともに気温が下がり，熱圏との境では−80℃ほどになります。一方，熱圏は高度とともに気温が上がります。これは太陽からの影響によるもので，2000℃以上に達する場合もあるといいます。**ただし成層圏から上の温度変化は，空気密度が低いため，仮に触れることができたとしても，温度変化を感じることはありません。**

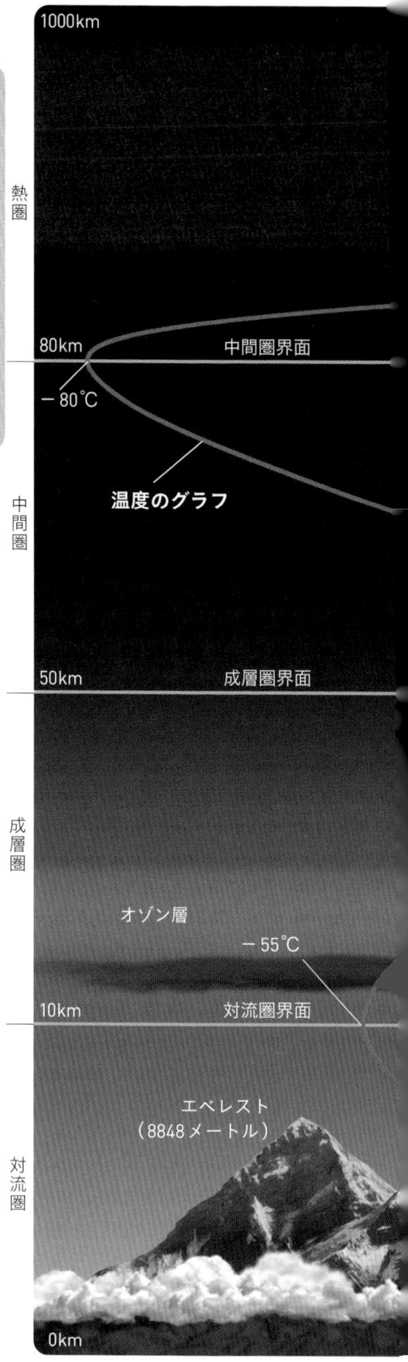

地球の大気構造と温度変化

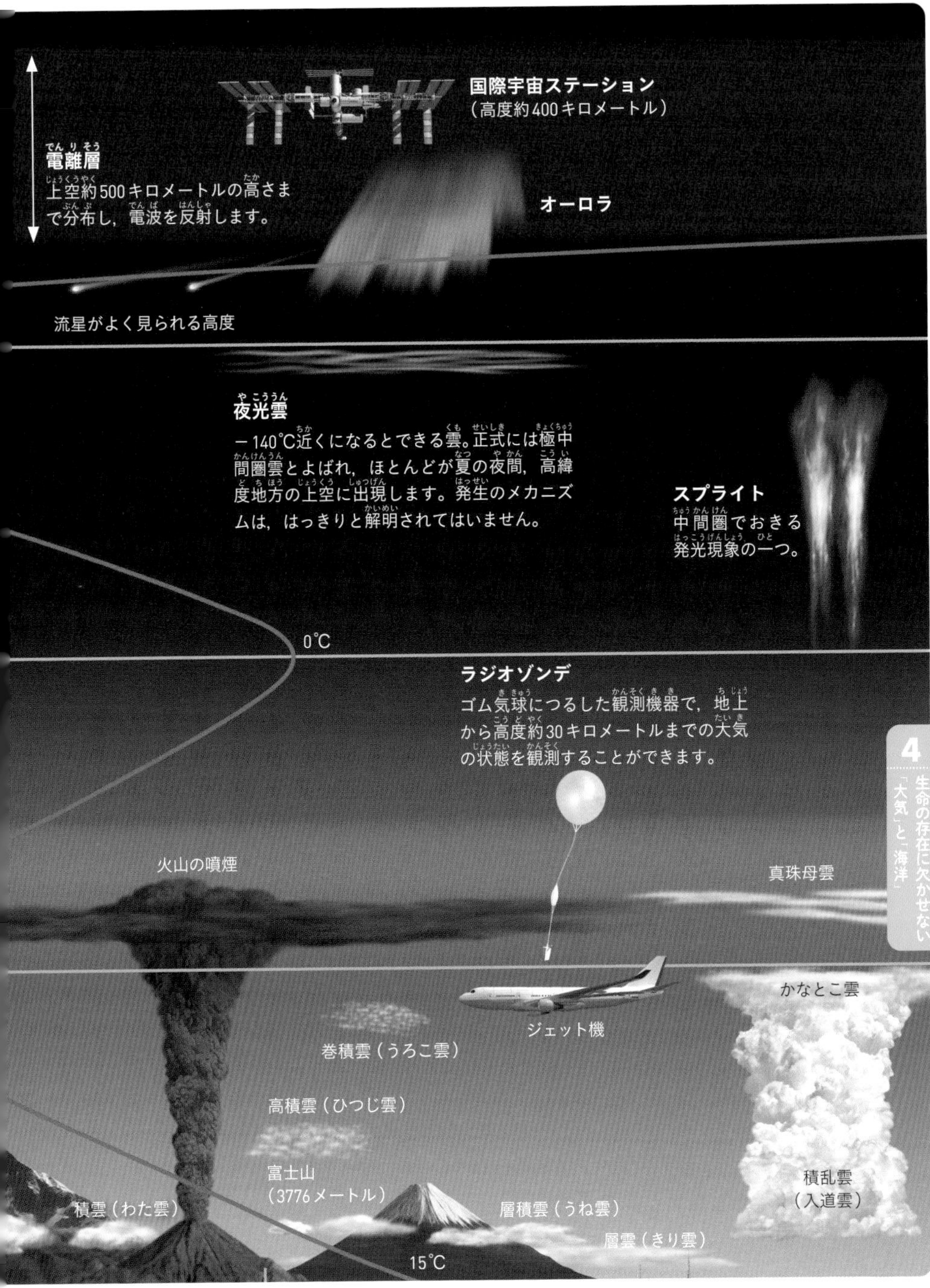

注：上のイラストでは四つの層を均等にえがいていますが，実際の比率とはことなります。

気温差や気圧差が大気を動かす

ハドレー循環とコリオリの力

赤道と極域をつなぐ大気の大循環があると考えたのが，18世紀のイギリスの気象学者ジョージ・ハドレー（1685～1768）です。しかし，地球が自転しているためにおこる効果（コリオリの力）によって，大気の流れは非常に複雑で，現在では，イラストのような大気の大循環モデルが考えられています。

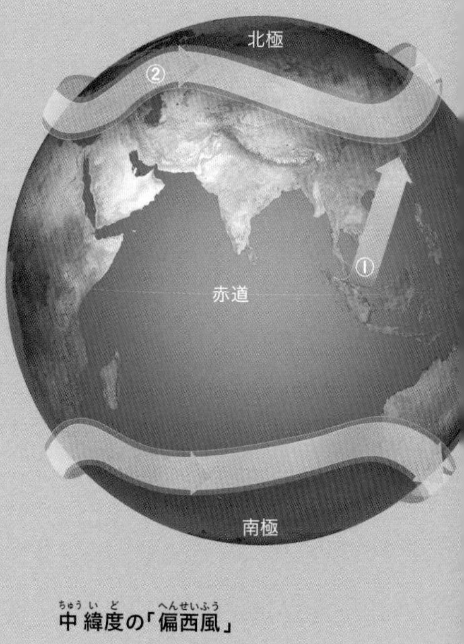

低緯度の「貿易風」

① 赤道で暖められ軽くなった空気が上昇します。
② しだいに冷えて重くなった空気の一部は下降します。
③ 気圧の低くなっている赤道にもどります。この地表付近の風が「貿易風」とよばれます。

貿易風の名は，15～17世紀の大航海時代，スペインなどの帆船がこの風を利用し交易を行っていたことに由来します。貿易風をつくる大気の流れは，「ハドレー循環」とよばれます。

中緯度の「偏西風」

① 赤道で上昇した気流の一部が中緯度へ届きます。
② コリオリの力で東に曲げられ，地球を一周する「偏西風」となります。

偏西風を利用することで，たとえばヨーロッパ（ロンドン）から日本（東京）へ向かう飛行機は，その逆に向かうよりも飛行時間を1時間前後短縮されます。

暖かく軽い大気は上昇気流（低気圧）となり，上空で冷えて重くなると，別の場所で下降気流（高気圧）となります。地表へ下降した大気は低気圧へと流れこみます。気温差は気圧差を生みだし，大気を動かす原動力となっています。

低緯度では，赤道で発生した上昇気流が南北へと流れ，南緯・北緯30°付近に到達すると，一部の空気は冷えて下降し，赤道に流れます。**この南北の大気循環はコリオリの力を受けて曲がっており，地表付近では北半球で北東の風，南半球で南東の風になります。この風は「貿易風」とよばれています。**

緯度30°をこえた空気はコリオリの力によって，ほぼ真東に向かって吹くようになります。その結果生まれるのが「偏西風」です。偏西風は，北半球では北に暖気を，南に冷気を運んでいます。

極地方では，冷やされた空気が下降し，中緯度に向かう風となります。この寒気もコリオリの力を受けます。**これは「極偏東風」とよばれます。**

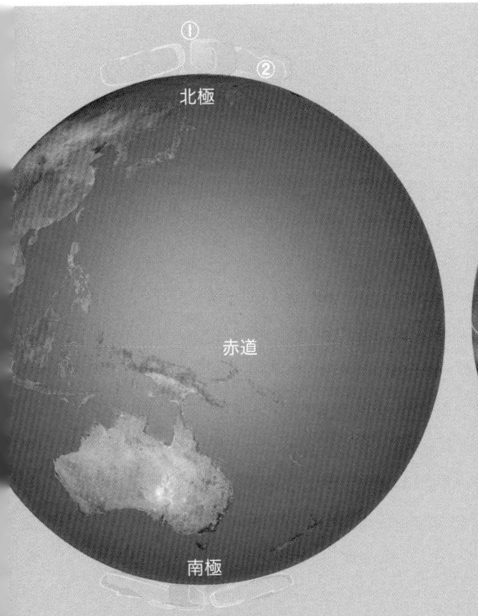

自転速度の緯度差による見かけの力（コリオリの力）

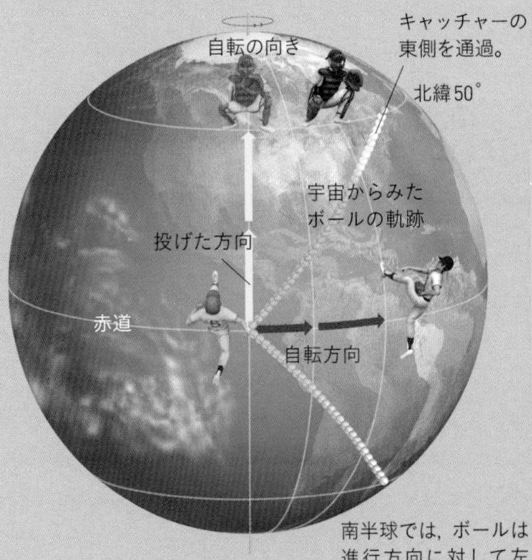

高緯度の「極偏東風」

① 極地方で冷やされた空気がしみだします。
② 緯度60°付近で暖められて上昇し，極上空へもどります。

極偏東風がつくる流れを「極循環」といいます。貿易風や偏西風よりも風力は弱い風です。

1. 赤道から北向きに投げたボールは，北に進むのと同時に，宇宙から見ると赤道の自転速度（時速1675km）で東へ移動しています。
2. しかし，自転による地表の移動速度は高緯度ほど遅くなります。
3. たとえば北緯50°の地表（とキャッチャー）は東向きに時速1077kmでしか移動していません。
4. こうして，地上からは，ボールは進行方向に対して右向きの力を受けたようにみえます。このような，回転する球体の上で移動する物体にかかる見かけの力を「コリオリの力」といいます。

気温を決める三つの要素とは？

気温を決める3要素

地表面の温度を決める大きな要素として，太陽放射，太陽放射を反射する割合である「惑星アルベド（反射率）」，そして温室効果の三つがあげられます。反射率は，雲や火山の噴煙，雪や氷などに大きな影響を受けます。

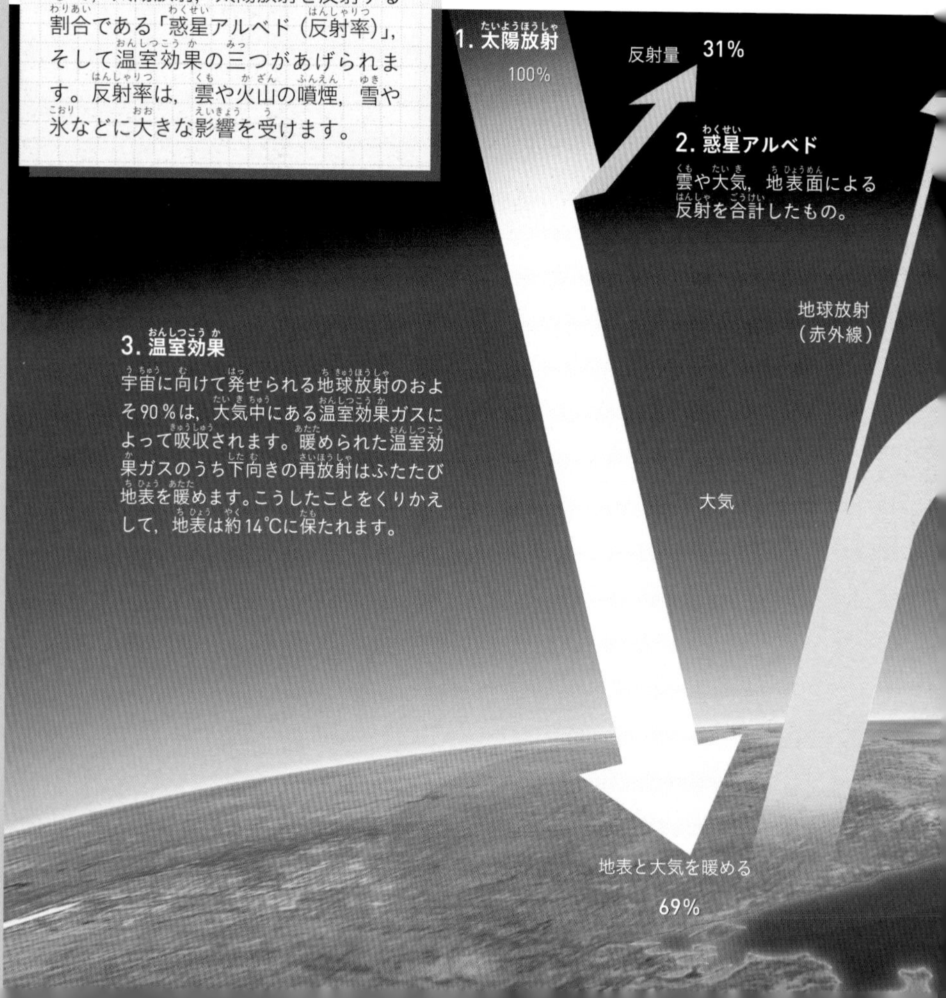

3. 温室効果

宇宙に向けて発せられる地球放射のおよそ90％は，大気中にある温室効果ガスによって吸収されます。暖められた温室効果ガスのうち下向きの再放射はふたたび地表を暖めます。こうしたことをくりかえして，地表は約14℃に保たれます。

太陽光のエネルギーを「太陽放射」といいます。平均すると，地表面は1平方メートルあたり342ワットの太陽放射を受けています。

地球全体では，地球に届く太陽放射の49％が地表を暖めるのに使われ，20％は雲や大気中の水蒸気を暖めるのに使われます。そして残る31％のうち，22％は雲に，9％は地表の雪などに反射して宇宙に放出されます。**太陽放射の「反射率」も表面温度を左右する重要な要因です。**

さらにもう一つ，地表面温度を左右する重要な要素が「地球放射」です。太陽放射と地球放射が等しくつり合うことで，地球の平均気温は一定に保たれています。

大気に含まれている二酸化炭素（CO_2）などの温室効果ガスは，太陽からの可視光は吸収しませんが，地球からの赤外線を吸収し，ふたたび四方八方に放射します。この再放射によって，地球表面はさらに暖められます。**温室効果のおかげで，地表面温度（平均気温）はおよそ14℃に保たれているのです。**

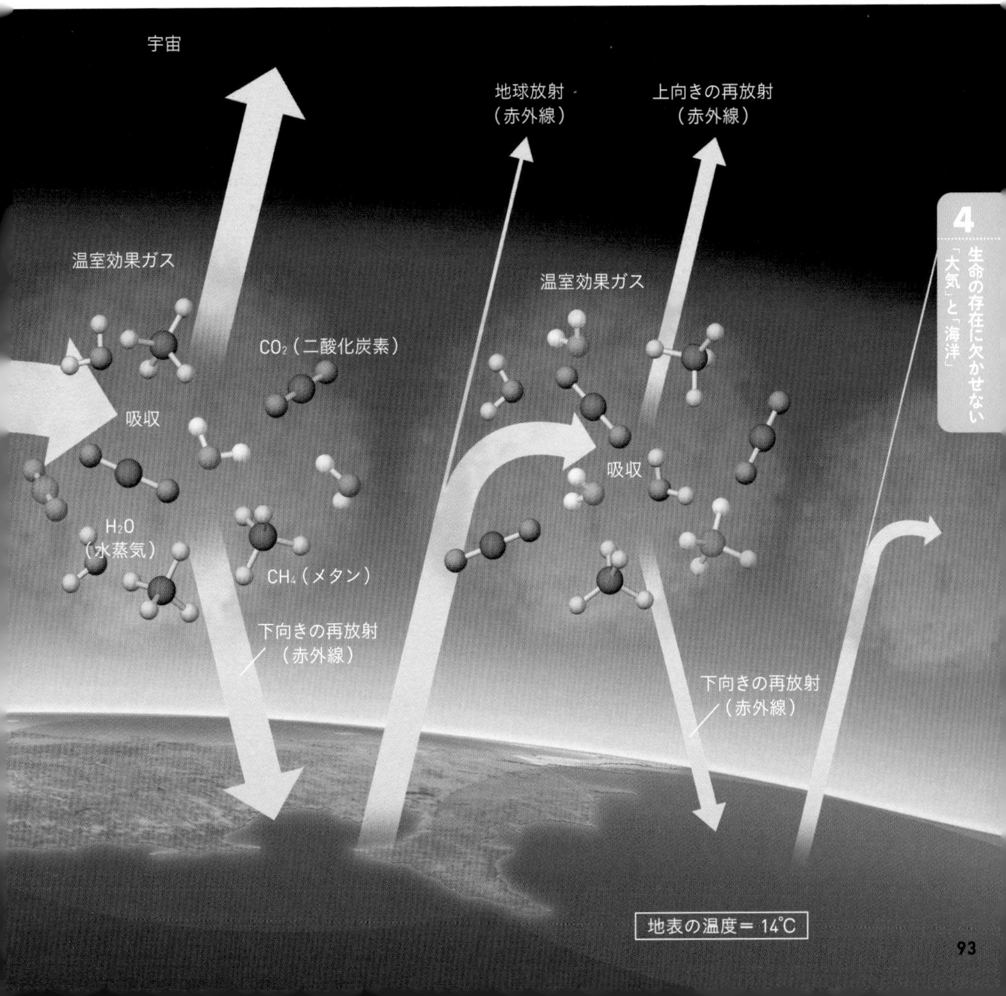

ヒマラヤ山脈が生みだす モンスーン気候

夏の日中は，海より陸のほうが暖まりやすいので，陸上の空気は暖められて上昇します。上昇した空気は上空で海側へ流れます。この結果，地上では陸が「低気圧」に，海上が「高気圧」になり，海辺に近い陸では気圧の高い海から気圧の低い陸地へ向けて，風が吹きます。これが「海風」です。

一方，夜は陸地の温度が急激に下がるので，空気が冷やされた陸地では高気圧ができます。その結果，陸から海に向かって風が吹きます。これが「陸風」です。

海風と陸風は，局地的な現象ですが，この海風・陸風と似たメカニズムで，大規模な範囲で生まれる風を「モンスーン（季節風）」といいます。

アジアは，モンスーンが吹く地域として有名です。右ページ上のイラストのように，夏に強い日射を受けるとインド内陸が暖められ，相対的に気温の低い海から内陸に風が吹きこみます。**この風はインド洋で大量の水蒸気を含み，ヒマラヤ山脈に衝突して上昇し，その水蒸気を雨として降らせます。また，この高温多湿な風による気候を「モンスーン気候」とよびます。**

反対に冬は，はげしい冷えこみによって大陸内部には高気圧が，海洋には低気圧ができます。**海に向かう寒気は，ヒマラヤ山脈があるため南のインド洋には行かず，南東の太平洋に向けて流れます。**このため，日本列島など冬の東アジアには，冷たい西風が吹きます。

夏の海辺で吹く「海風」と「陸風」

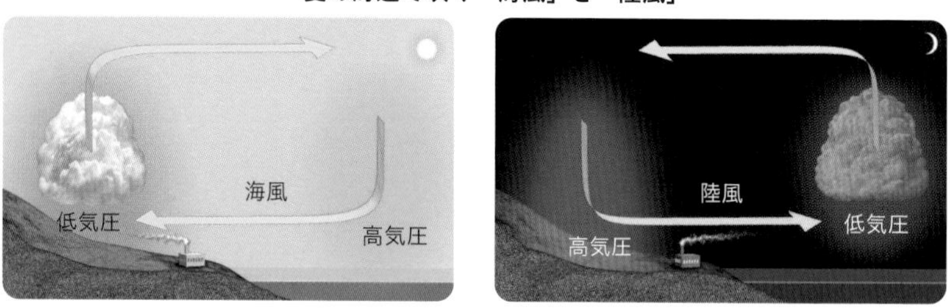

注：「海風」を「かいふう」，「陸風」を「りくふう」と読むこともあります。

夏（6〜8月）

大規模な“海風”がアジアに高温多湿の気候を生む

冬（12〜2月）

大陸奥地から寒風が吹く

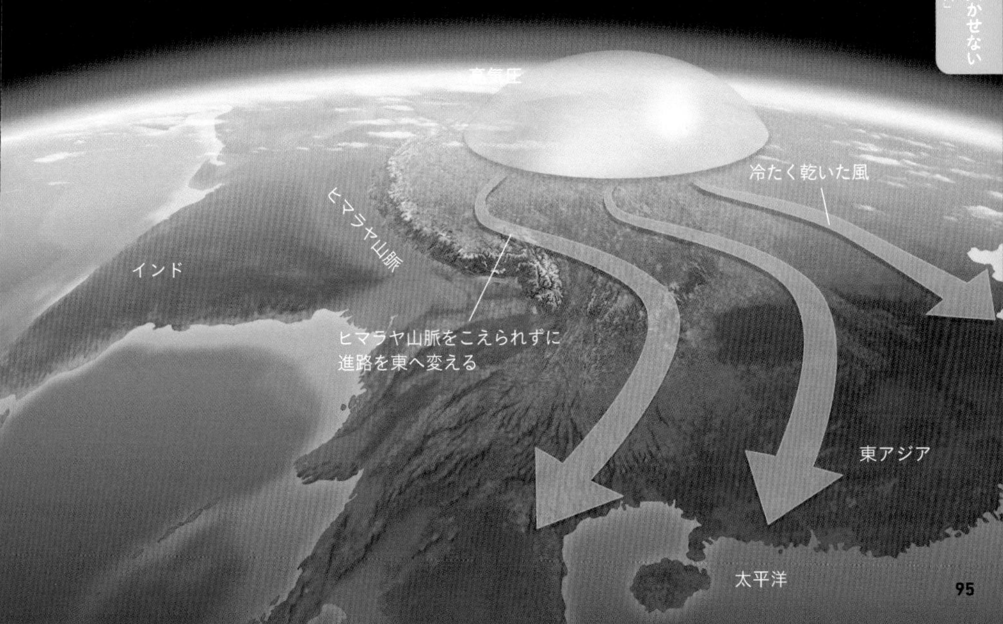

地球は水におおわれている

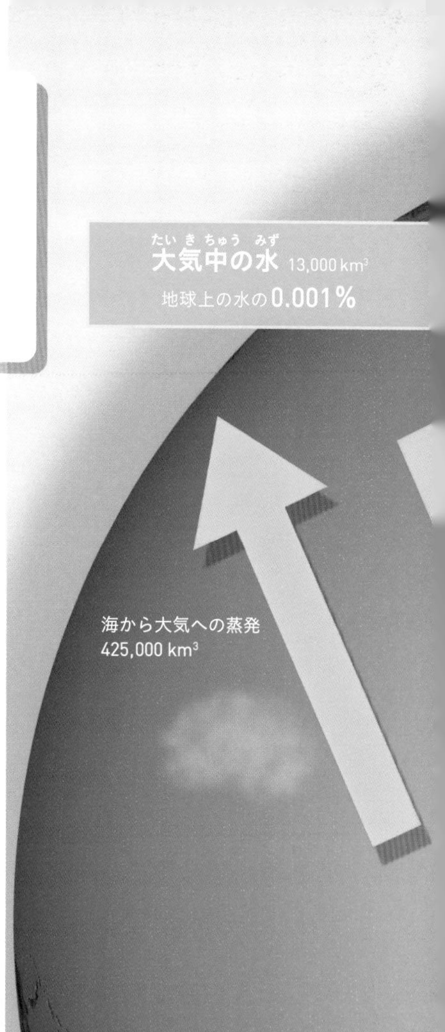

地球の表面の7割は海水におおわれ，その量は13.5億立方キロメートルにもなります。これは地表面にある水の97.4％にあたり，全大気の質量の約270倍に相当します。

海からは，大量の水蒸気が蒸発し，大気に供給されています。それは陸地へ移動し雨となるので，海は陸地へも水を供給していることになります。海からの蒸発量は，1年で1.2メートル（1日でおよそ3ミリメートル）も海面が下がってしまうほどの量ですが，ほぼ同じ量の水が雨や雪となって海に流入するので，海面が下がることはありません。

海水の温度は最低でも－2℃（北極など），最高で30℃ほど（熱帯域）です。また，どんなに海面水温が高い海域であっても，水深数百メートルで急激に温度が下がり，1000メートルより深い深海には，5℃以下の冷たい海水が広がっています。

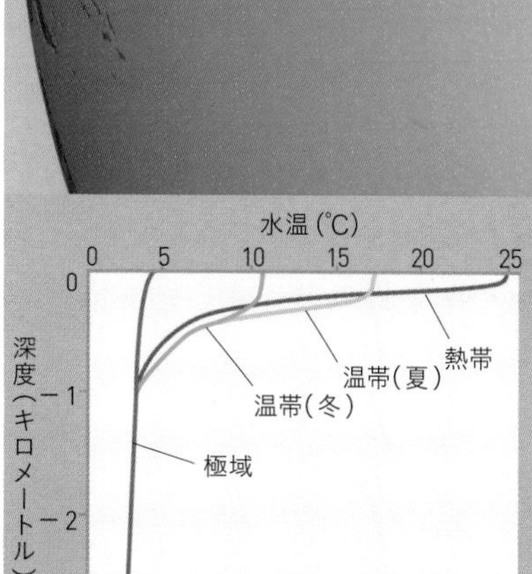

（Garrison（2002）をもとに作成）

暖かいのはほんの表面

暖かい熱帯の海であっても，水深数百メートルで急激に温度が下がります。水深1000メートル以下になると，緯度にかかわらず5℃以下の冷たい海水が広がり，深さとともに水温が急激に下がります。

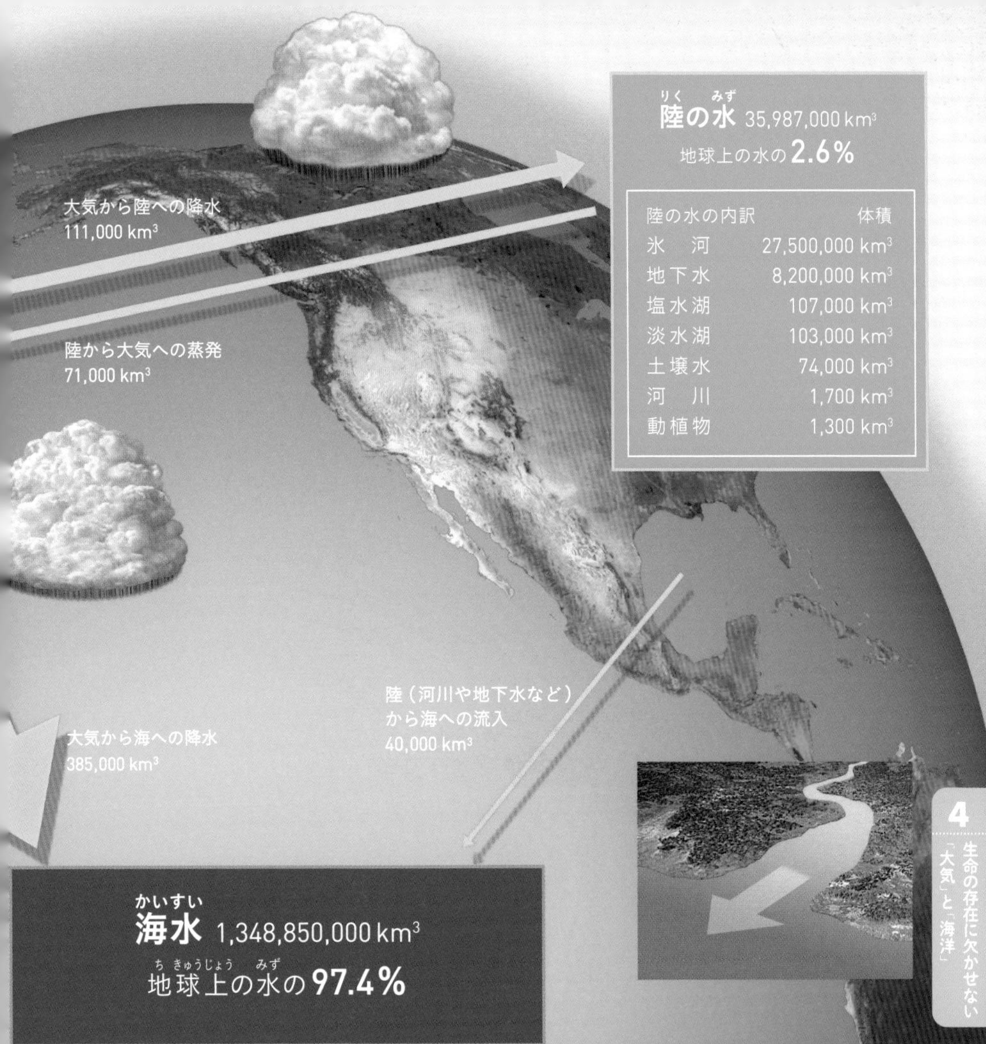

注：各数字データは『理科年表』によります。

地球上の水はどこにある？

地球上の海，陸地，大気中に存在する水の体積を示しました。また，海，陸地，大気の間を1年間に移動する水の体積も示しました（黄色の矢印の幅は体積に比例）。海から大気には，海水の蒸発によって膨大な量の水が移動しています。同時に，大気から海へ雨となって大量の水が移動しています。特定の水分子が大気中にとどまっている時間（滞留時間）は短く，平均で10日ほどだと見積もられています。

コーヒーブレイク

COFFEE BREAK

海は大気にくらべて暖まりにくい

ある物体の温度を1℃上昇させるために必要な熱の量のことを「熱容量」といいます。性質が同じ物体であれば，物体の量（質量）が多ければ多いほど，熱容量も比例して大きくなります。

熱容量の大きさは，その物体の「比熱」によっても左右され

海の温度変化はわずか

海の性質の例として「熱容量の大きさ」をあげました。イラストでは，地球の大気全体の温度を1℃上昇させるために必要な熱量と，海水全体のそれを比較しています。

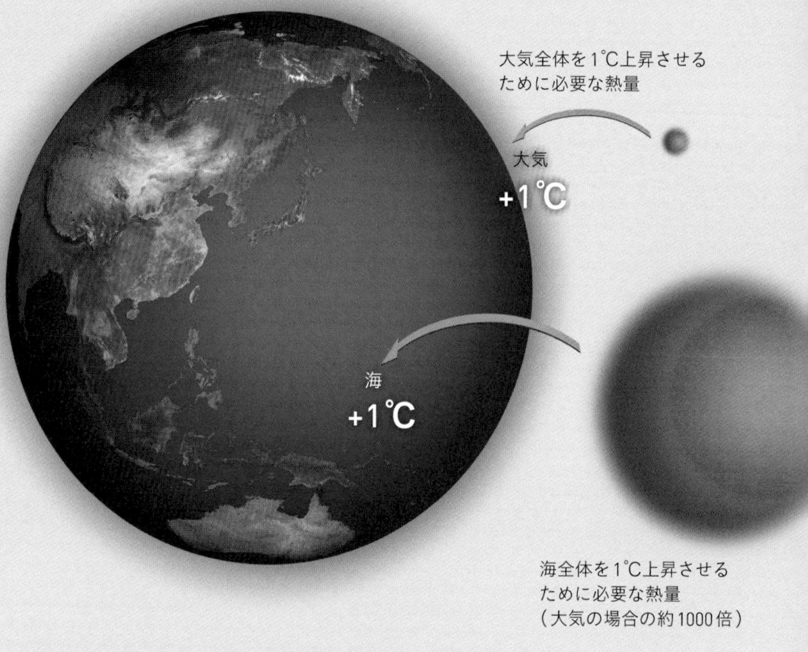

（地図データ：Reto Stöckli, NASA Earth Observatory）

ます。比熱とは，ある決まった量の物体の温度を1℃上昇させるために必要な熱量のことです。**つまり，暖まりにくい（比熱の大きい）物体が大量に存在すればするほど，熱容量は大きくなる（全体としても暖まりにくい）というわけです。**海水の比熱は，大気の約4倍です。また海水全体の質量は，大気の約270倍です。**そのため，海水全体の熱容量は，大気全体の約1000倍にもなります。**

海が安定した水温を保つことで，地球の気候はおだやかになり，生命にとって住みよい環境が維持されます。また，海には大気中の二酸化炭素（CO_2）を吸収するなど，さまざまな役割があります。

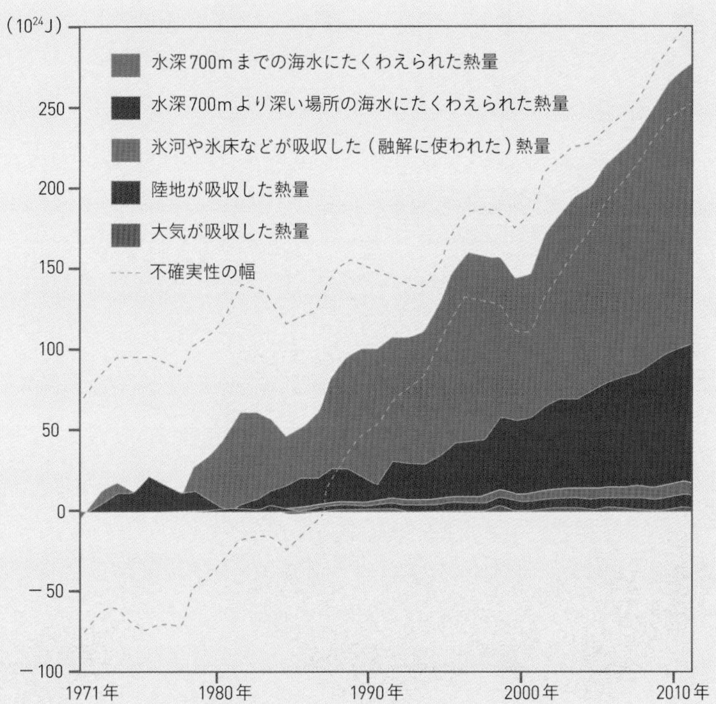

地球温暖化による余剰熱はどこにたくわえられたのか

上のグラフは，1971年から2010年までの40年間で地球のどこにどれくらいのエネルギーが蓄積されたのかを推定した結果です。熱量の約9割が海にたくわえられたと推定されています。なお，点線は蓄積された熱量全体のデータの不確実性の幅を示しています。

（「気候変動に関する政府間パネル（IPCC）」の第5次評価報告書をもとに作成）

気圧の差が風を生み，水蒸気が雨を降らせる

大気の運動の原動力は，地球が受け取る太陽の光です。**地表近くの空気は，気圧の高いところから低いところへと流れますが，これが「風」です。**気圧の差が生む風によって，大気は運動するのです。

大気の運動は，雨をもたらすこともあります。イラストは，海水が蒸発してできた水蒸気が陸上に運ばれ，雲となって雨が降るまでのようすをえがいています。海が暖められると，海水は蒸発して大気中にたくさんの水蒸気を供給します。その湿った空気は，風によって陸へ運ばれると，日射によって暖められたり，ほかの気流とぶつかったりしてできた上昇気流に乗って，上空へ運ばれます。**すると上空で冷やされることで，水蒸気が無数の細かな水滴に変わりますが，これが「雲」になるのです。**

雲の粒はさらに周囲の水蒸気を集めたり，雲の粒どうしがくっつき合ったりしてだんだんと大きくなっていきます。**そして，上昇気流に持ち上げられても浮いていられなくなると，「雨」となって地上に降り注ぐことになるのです。**

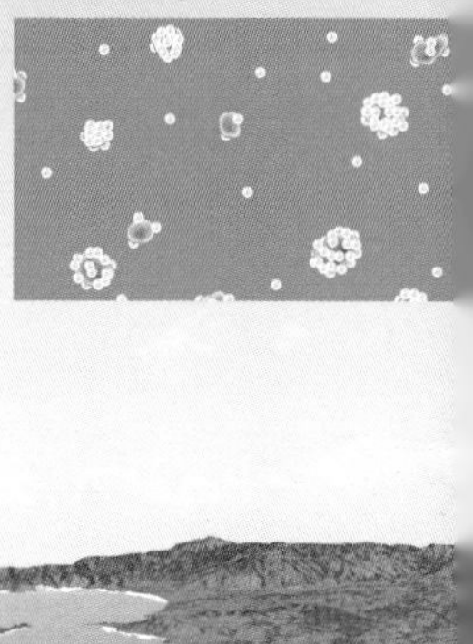

空気が冷やされ，大気中のちりを核にして水蒸気が凝結する（水滴になる）ことで雲の粒となります。

海が暖められ水蒸気が発生します。

雲をつくり雨を降らせる大気

イラストは，海水が蒸発して生じた水蒸気が風で運ばれ，陸上で雨になるまでのようすをえがきました。

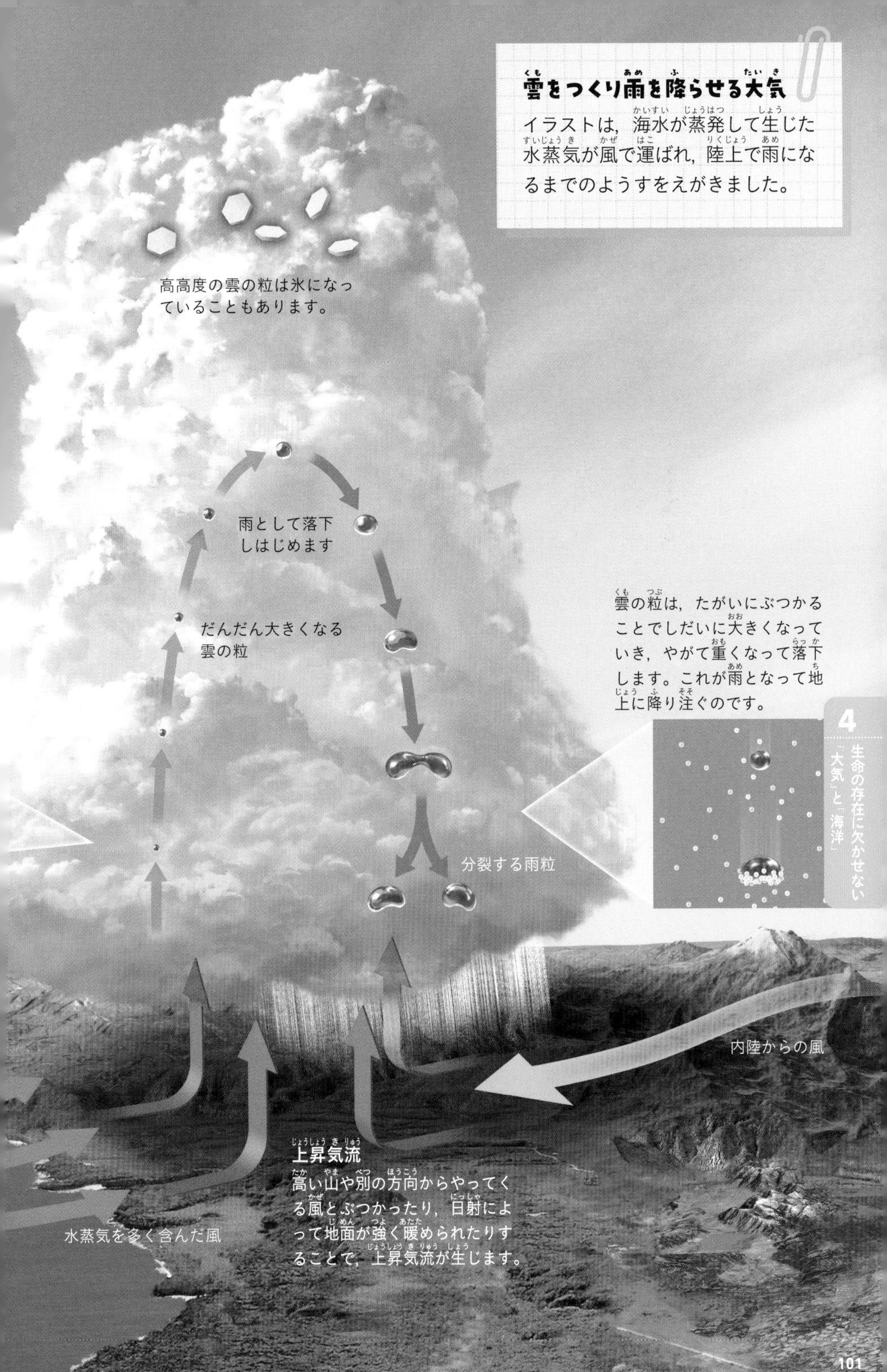

高高度の雲の粒は氷になっていることもあります。
雨として落下しはじめます
だんだん大きくなる雲の粒
雲の粒は，たがいにぶつかることでしだいに大きくなっていき，やがて重くなって落下します。これが雨となって地上に降り注ぐのです。
分裂する雨粒
内陸からの風
上昇気流
高い山や別の方向からやってくる風とぶつかったり，日射によって地面が強く暖められたりすることで，上昇気流が生じます。
水蒸気を多く含んだ風

日本の四季をつくる四つの高気圧

日本の四季と四つの高気圧

夏は熱帯地方顔負けの蒸し暑さなのに対し，冬の積雪量は世界でも有数の多さです。そして，こうした季節の変わり目には梅雨や秋雨があります。

日本の周囲に生じる四つの高気圧

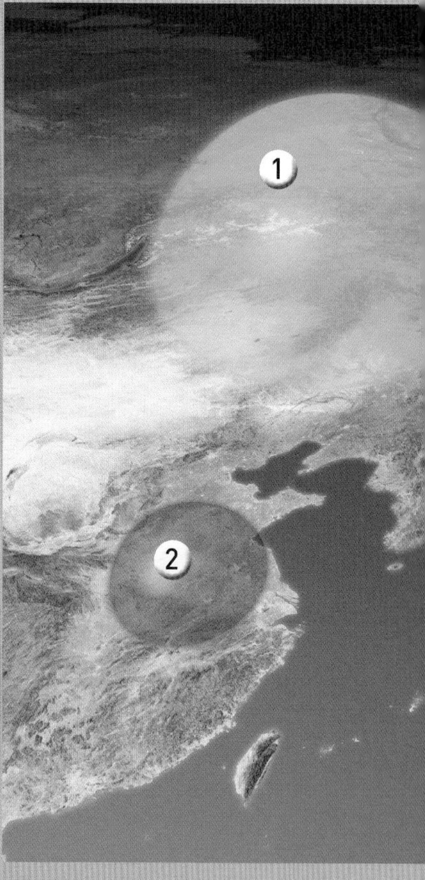

1 シベリア高気圧

日本に「冬の寒い北風」をもたらす原因となる高気圧です。水蒸気の量が少ないため，冷たく乾燥しています。

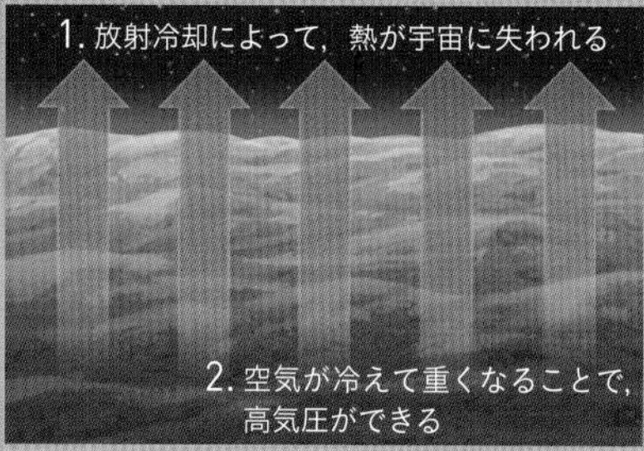

1. 放射冷却によって，熱が宇宙に失われる
2. 空気が冷えて重くなることで，高気圧ができる

2 移動性高気圧

春や秋の天気が変わりやすいのは，この移動性高気圧によるものです。偏西風に乗って西から東へと移動します。

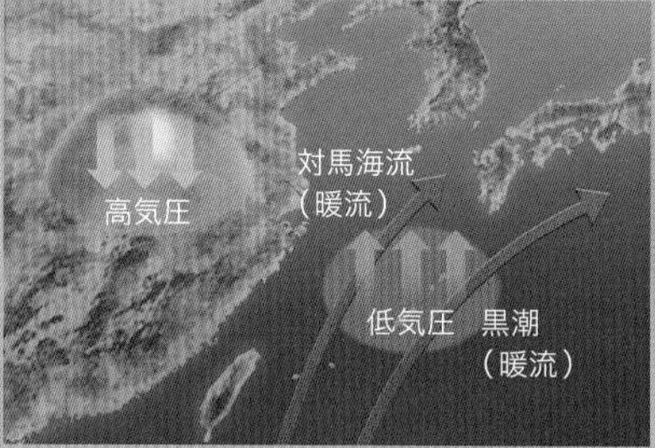

日本には，春夏秋冬という四つの季節があります。このような季節の変化がもたらされるのは，主に下に示した四つの高気圧の影響を受けるためです。

日本はユーラシア大陸の東にある，海に囲まれた島国です。大陸は，昼間は太陽によって暖まりやすい一方，夜間は地面から熱が放出される「放射冷却」によって冷えやすい性質があります。その一方で，海は暖まりにくく，冷めにくい性質があります。

大陸と海との気温差と上空で吹く偏西風のはたらきにより，季節によって性格のちがう高気圧が日本の天候に影響をあたえます。**それが，冷たく乾燥した空気を吹きだす「シベリア高気圧」，暖かく乾燥した空気をともなう「移動性高気圧」，冷たく湿った空気を吹きだす「オホーツク海高気圧」，非常に暖かく湿った空気をともなう「太平洋高気圧」の四つです。**

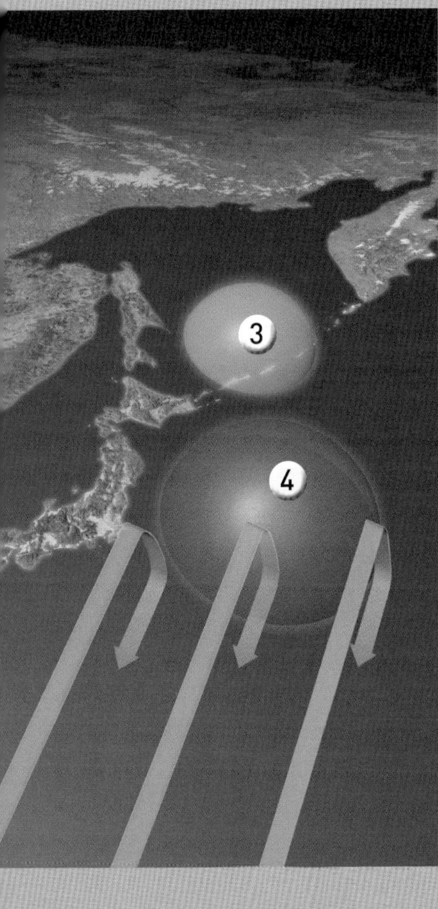

3 オホーツク海高気圧

この高気圧が北海道や東北地方に居座ると，「やませ」とよばれる冷たい風が吹き，霧の発生や冷害をもたらします。

4 太平洋高気圧

夏には赤道付近の上昇気流やその北の下降気流も北上するため，太平洋高気圧が日本付近をおおうようになり，晴れて蒸し暑くなります。

二つの高気圧のせめぎ合いが梅雨前線をつくる

北海道を除く日本全国で，6月から7月にかけて雨が降りつづく「梅雨」の時期になります。**これは，オホーツク海高気圧から吹きだす冷たい風と，太平洋高気圧から吹きだす暖かく湿った風が，日本列島の上空でぶつかるためにおきます。**

二つの高気圧の勢力がつり合っていると，行き場を失った風は上昇気流となり，雨雲がつくられつづけるのです。**この二つの空気の境界を「梅雨前線」といいます。**

冬にヒマラヤ山脈の南を流れていた偏西風は，この時期，ヒマラヤ山脈の西側にぶつかって，南北に分かれます。この流れはオホーツク海の上空で合流しますが，このとき，オホーツク海高気圧が発達します。

また，秋になると太平洋高気圧が弱まり，オホーツク海高気圧が南下してくることで，梅雨と同じように冷たい風と暖かく湿った風が上空でぶつかります。**この境界を「秋雨前線」といいます。**

梅雨前線をもたらす大気の動き

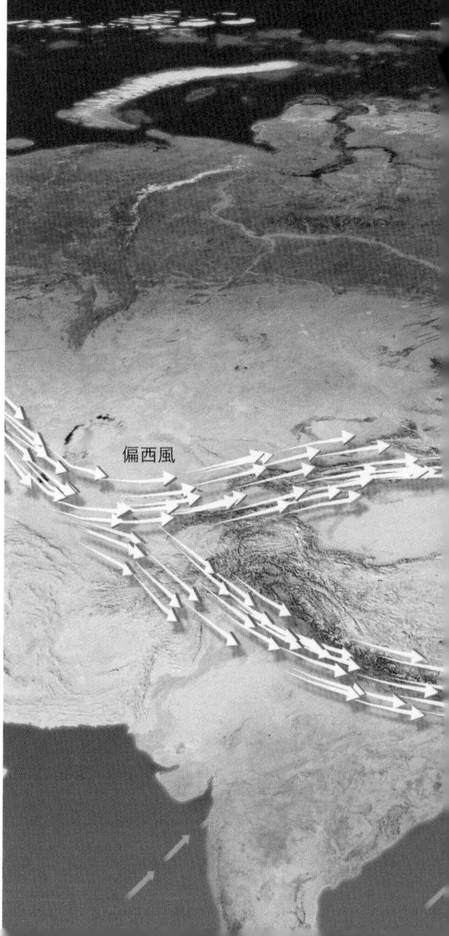

蛇行しながら地球をめぐる「偏西風」

偏西風は，北極域を取りかこむように，西から東（反時計まわり）にぐるりと一周しています。その流れは南北に蛇行していますが，蛇行のしかたは，場所や時期によって大きく変わります。偏西風は，北の冷たい空気（寒気）と南の暖かい空気（暖気）をへだてるはたらきをするため，偏西風が南に蛇行すると寒気を南側へもたらし，北へ蛇行すると暖気を北側へもたらします。

湿った空気が流れこみつづけて梅雨となる

オホーツク海高気圧と太平洋高気圧から吹きだす風が日本列島の上空でぶつかることで，梅雨前線が生まれ，長く雨が降りつづきます。オホーツク海高気圧は，この時期にヒマラヤ山脈の西側で南北に分かれた偏西風が合流することで生まれます。また同時に，遠くインド洋から大陸に向けて「アジアモンスーン」とよばれる湿った暖かい風が吹きます。アジアモンスーンは，日本へも多くの水蒸気を運び，梅雨をもたらす要因となります。この結果，バングラデシュから日本まで長大な雲の帯が連なるようなこともおこります。

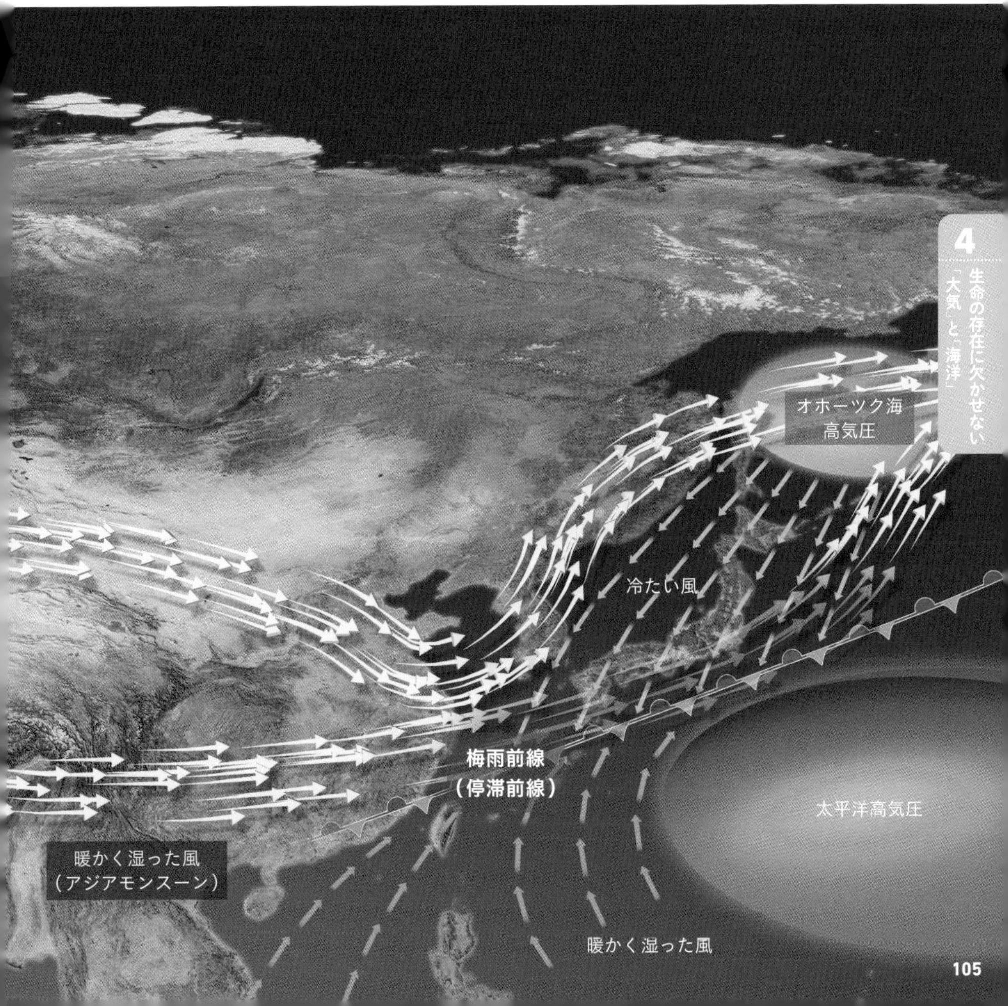

4 生命の存在に欠かせない「大気」と「海洋」

海の水も，地球を循環している

海の水も地球上を大きく循環しています。海水の大循環は，それを動かす原因によって2種類に分けられます。**海上を吹く風によって表層に生じる「風成循環」と，深層にみられ，水温や塩分濃度を原因とする「熱塩循環」です。**

表層の海流は，主に風が大気と水との間に摩擦を生むことでつくられ，平均して秒速10センチメートルで動きます。海水の動きは地球の自転の効果（コリオリの力）で曲げられてしまうため，風の向きと表面付近の海水の動きの向きは一致しません。

亜熱帯高気圧のもとでは表面近くの海水が大洋の中心域に収束してきます。これに丸い地球の自転の効果が加わると，表層全体の流れは大洋で大きな循環を形づくるようになります。これが風成循環です。

風の影響がおよぶのは，深さ数百メートル程度までです。それよりより深い層では，秒速1センチメートル程度の流れがあると考えられています。

一方，グリーンランド沖と南極近海では，冷やされ密度が大きくなった海水が，深層まで沈みこみます。深層へ沈みこんだ海水は，南極大陸を東にまわって，インド洋や太平洋の表層にわき上がります。同じ緯度でも沈みこみがおきる場所とそうでない場所が生じるのは，塩分濃度の差が影響していると考えられています。**この深層の海洋大循環が「熱塩循環」です。**

これまで，この熱塩循環を駆動するものは，グリーンランド沖での海水の沈みこみだと考えられてきました。**しかし近年，深層流をわき上がらせるエネルギーとして，月の引力も重要だということが明らかになってきました。**潮の満ち引きで海水がかき混ぜられることで，太陽光で海面に加えられた熱がしだいに深層に伝わっていきます。こうして暖められ軽くなった深層水が，表層にわき上がってくるのです。

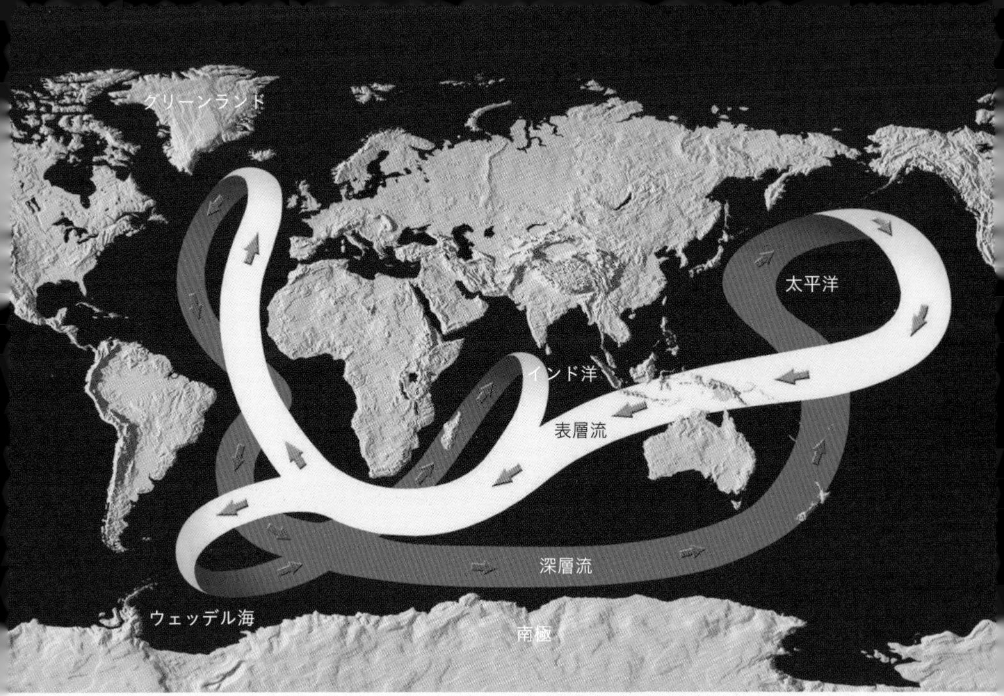

深層の海洋大循環（熱塩循環）

ブロッカーのコンベアベルトとよばれる，2層に単純化した海洋大循環をえがきました。グリーンランド周辺とウェッデル海で沈みこんだ深層水は，インド洋，太平洋でわき上がって表層水にもどるという循環をしています。

表層の海洋大循環（風成循環）

7月の平均的な海面水温と表層の海流をえがきました。表層水は太平洋などの大洋の中を循環するように流れています。この海流と水温分布を比較すると，海流が暖かい海水や冷たい海水を押し流して，水温分布に影響をおよぼしているようすがわかります。

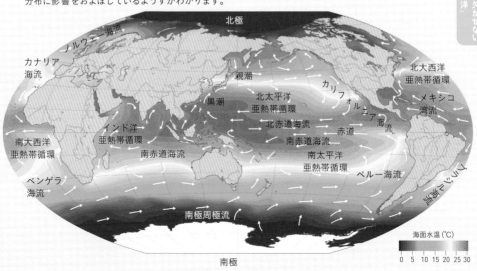

（気象庁・全球月平均海面水温平年値［7月］をもとに作成）

海と大気が，地球特有の気候をつくりだす

地球の気候は帯状に広がる

メキシコ湾流
貿易風を受けて，西に流れていた海流が，アメリカ大陸に沿うようにして北上する暖流。その後，偏西風の影響を受けて，ヨーロッパに向かい北大西洋海流となります。
中緯度に砂漠をつくる下降気流の帯
赤道で発生した上昇気流は南北に流されつつ冷やされて下降気流となるため，緯度30°付近には雲がつくられず，雨が降らない砂漠が帯状に分布します。

気候区分のデータ：
Beck, H.E., et.al. Scientific Data volume 5, Article number: 180214（2018）

地球には，地域によって特有の気象があります。赤道近くの低緯度の国は，雨が降る季節（雨季）と降らない季節（乾季）が明確に分かれています。インドでは，夏に南西の風が大量の水蒸気を内陸に運んできて，大量の雨を降らせます。

こうした地域ごとの気象現象を過去30年にわたって平均したものが「気候」です。気候には大気の大循環と海流が大きくかかわっています。

中緯度付近には砂漠気候を主体とする乾燥帯が広がります。これは，そこが大気の大循環によって，赤道で上昇した空気が下降する高気圧帯で，雲が発生しないからです。

また，高緯度のイギリス付近が温帯気候なのは，メキシコ湾流の影響です。熱帯大西洋で暖められた海流は，西に進み，アメリカ大陸沿岸に達します。その後，北アメリカ沿岸を北上して，中緯度を北東に流れ，ヨーロッパの沖合にまで到達します。

こうした大気の大循環と海流の作用に，地形の影響が加わって，地球の気候はつくられています。

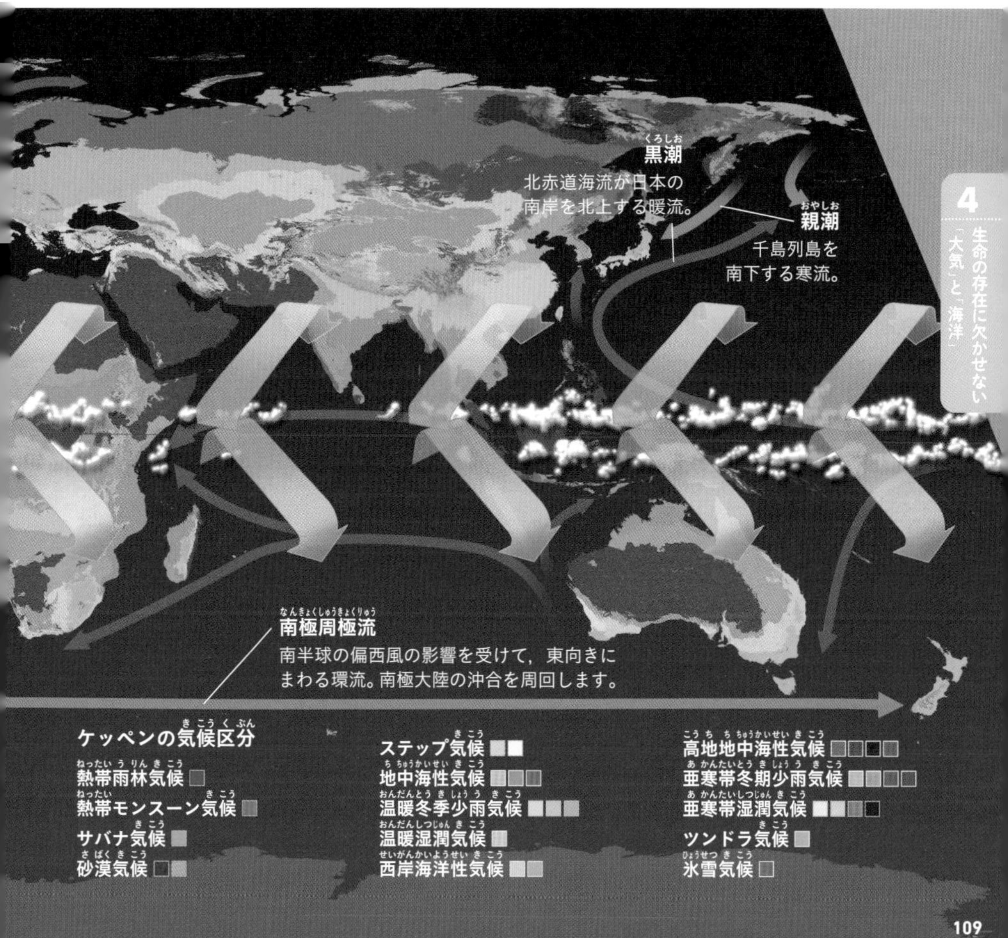

エルニーニョ現象がおきるしくみ

エルニーニョ現象とラニーニャ現象

太平洋の赤道域では通常，海水が貿易風によって西に流されるため，西側の海水温が東側よりも5℃以上高くなっています。しかし，東側の海水温が平年よりも2～4℃上昇し，降水域が東に移動することがあります。この現象を「エルニーニョ現象」といい，日本では冷夏・暖冬傾向になります。

エルニーニョ現象とは逆に，貿易風が強くなり，暖かい海水面が西側に集中し，太平洋西部で降水量がさらに多くなるのが「ラニーニャ現象」です。この場合，日本では猛暑・寒冬傾向になります。

エルニーニョ現象の影響は広範囲にわたる

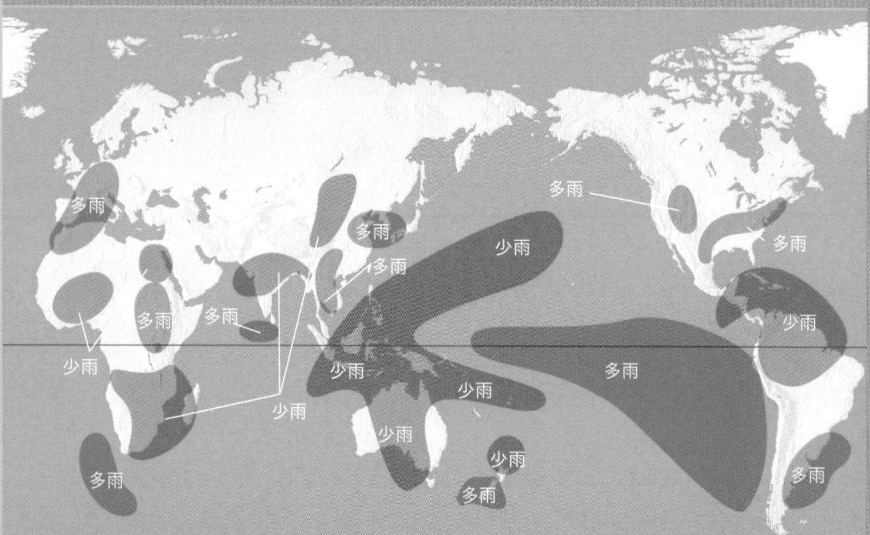

エルニーニョ現象は，気圧の変化が連鎖することで世界中に異常気象をもたらします。

近年，世界の気候に大きな変化がみられるようになってきています。異常気象※に関するニュースなどで，「エルニーニョ現象」ということばを耳にしたことはないでしょうか。

エルニーニョ現象とは，太平洋の赤道域でおこる気象現象です。通常であれば，海水は貿易風によって西へ運ばれますが，貿易風に何かしら異常が生じ，勢力が弱くなってしまった場合，暖水域が太平洋の西側にまで運ばれなくなり，ニューギニア・インドネシア沖などの降水量が減ります。**かわりに，ペルー沖の海水温が高くなり，降水量がふえます。これがエルニーニョ現象です。**

その影響は赤道域に限らず，日本にやってくる台風の発生数や台風がたどるコースも影響を受けているようです。また，熱帯の高温の海域は，大気の大循環を動かす原動力の一つです。**そのため，この海域の異常は世界各地に異常気象をもたらすことになります。**

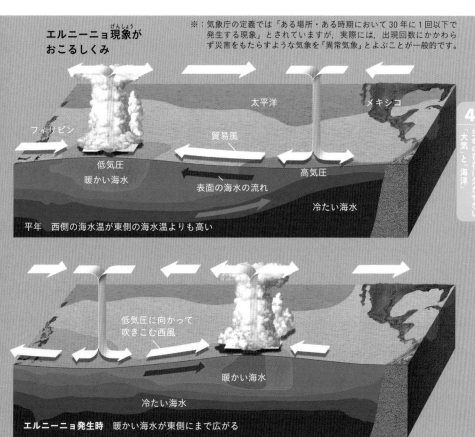

エルニーニョ現象がおこるしくみ

※：気象庁の定義では「ある場所・ある時期において 30 年に 1 回以下で発生する現象」とされていますが，実際には，出現回数にかかわらず災害をもたらすような気象を「異常気象」とよぶことが一般的です。

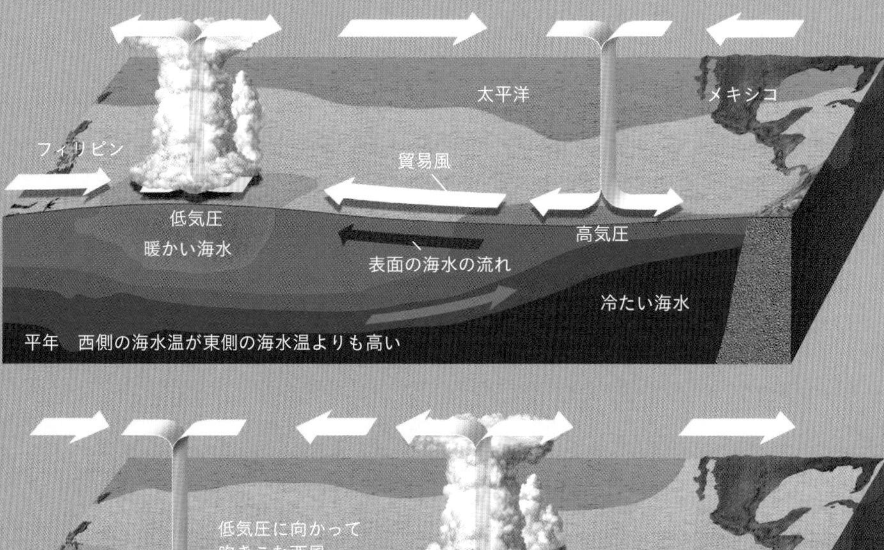

台風はどのようにして生まれるのか

台風の一生

台風とは熱帯低気圧のことです。右のイラストでは，台風が発生し，暖かい海上を移動しながら勢力を強め，冷たい海上で勢力が弱まるまでを模式的にえがきました。北半球で発生するため，渦はイラストのように反時計まわりにまわっています。

台風が生まれる場所と発生条件

台風（熱帯低気圧）の主な発生場所（黄色）と，夏に海水温が27℃以上になる海域（ピンク）を示しました。ただし，赤道上では「コリオリの力」がはたらかないため大気は渦を巻くことができず，熱帯低気圧は発生しません。そのほか，上空の大気が湿っていることや，地表付近と上空で風の強さが大きくちがわないことなどが，熱帯低気圧の発生に必要とされています。

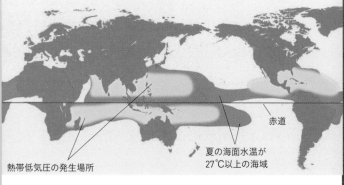

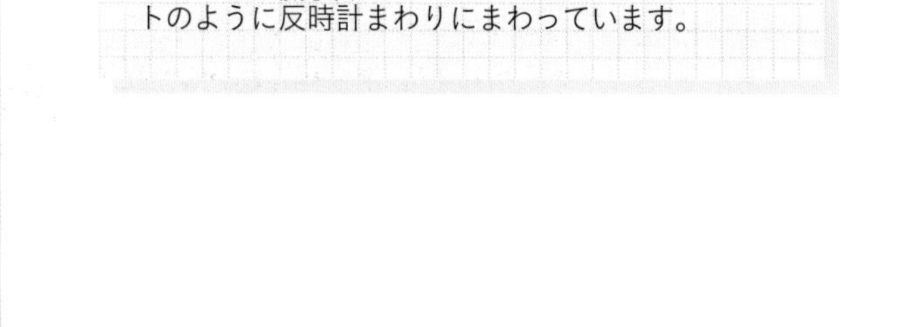

熱帯低気圧は，発生場所によって「台風」とよばれたり，「ハリケーン」や「サイクロン」とよばれたりします。

台風が生まれ，成長するために必要なのが大量の水蒸気です。その水蒸気を供給できるのは，海面水温がおよそ27℃以上の暖かい海です。

大量の水蒸気が上昇気流に乗って上空に運ばれ，雲になると熱が放出されます。この熱で暖められた空気のかたまりは軽くなり浮力をもつので，さらに強い上昇気流を引きおこします。こうしてその高さが1万メートルをこえる積乱雲になります。

大量の積乱雲が集まる場所では，空気が暖められて膨張し，気圧が下がります。すると周囲から空気が吹きこみ，地球の自転の影響（コリオリの力）で徐々に渦を巻きはじめます。渦を巻く方向は，北半球では反時計まわりです。**渦を巻きながら吹きこむ風は，周囲から水蒸気を集めることになり，ますます積乱雲を成長させます。こうして生まれるのが台風です。**

2. 暖かい海面から水蒸気を
吸い上げて勢力を拡大。
3. 北上し，海水温が低い場所を
通り，勢力が弱まります。
1. 積乱雲が渦を巻いて
台風ができます。

コーヒーブレイク

COFFEE BREAK

地球の温暖化で絶滅が危惧される動物

氷の上でアザラシなどをとらえるホッキョクグマは，海が氷でおおわれていることが生存のための必須条件です。近年の気温上昇によって，北極海の海氷が小さくなっていることが報告されていますが，海氷が小さくなるとホッキョクグマが泳いで移動する距離がふえるため，おぼれて死んでしまう事例も報告されています。氷が縮小する速度によっては，ホッキョクグマは100年以内に絶滅するとも考えられています。

このように現在，ホッキョクグマをはじめとする，多くの生き物たちが過酷な環境で生きることを強いられています。その原因はもちろん地球の温暖化です。

地球の大気は太陽から放射される熱をよく通しますが，地球から放射される熱は，吸収してしまう性質をもっています。これを大気の「温室効果」とよび，この効果をもたらす気体を「温室効果ガス」といいます。二酸化炭素（CO_2）は，温室効果ガスの代表的なものです。

IPCC（国連気候変動に関する政府間パネル）は2021年8月の報告書で，二酸化炭素の排出量をできるだけ抑制したとしても，2040年までに地球上の平均気温が約1.5℃上昇する可能性が高いことを指摘しています。

平均気温が約1.5℃上昇すると，今より高温な日がふえます。2021年6月，カナダ西部のリットンで49.6℃という猛烈な高温日が観測されました。これからは，そうした高温日の頻度が上がると考えられます。2023年には，世界の平均気温が観測史上はじめて17℃をこえたことが報告されています※。

また地球温暖化は海面水位の上昇も引きおこします。海面水位上昇の原因としては，地球温暖化にともなう海水の熱膨張と陸氷（氷床と氷河）の減少があげられます。これにより，将来，海抜の低い島々が水没したり，高潮や津波の被害が増大したりすると考えられています。

※：世界気象機関（WMO）などによる発表。これにはエルニーニョ現象の影響もあると考えられています。

気温上昇予測

五つの温室効果ガス排出シナリオにもとづく，今後の世界平均気温の変化を予測したグラフ。いずれのシナリオでも，2040年までに産業革命前よりも1.5℃上昇する可能性が高いと予測されています。

参考文献：『IPCC第6次評価報告書』

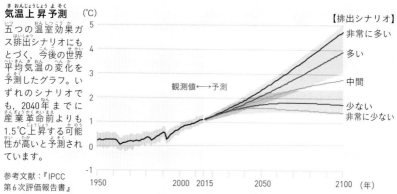

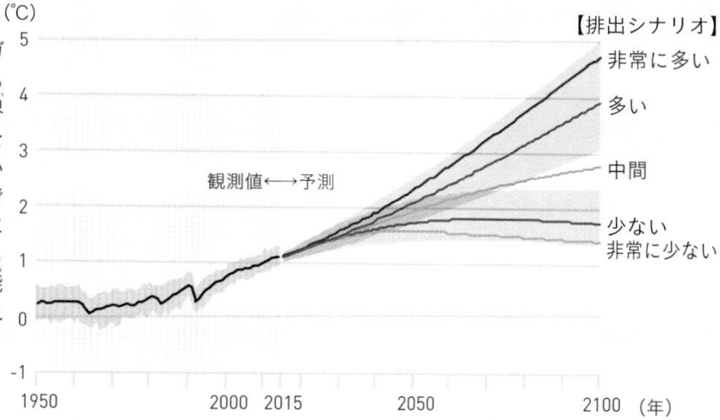

5

宇宙誕生と壮大な地球の歴史

宇宙がどうして誕生し，どのように進化してきたのか，その中で天の川銀河や太陽系，さらには地球がどのような歴史を刻んできたのか，これまで多くの研究者がその謎を解き明かそうと奮闘してきました。5章では，地球をとりまく宇宙の誕生と地球の歩みについてみていきます。

宇宙はどのようにして誕生したのか

宇宙は，光も物質も時間も空間も何もない“無”から誕生したとされます。私たちの常識では，無から何かが生まれるということは考えられません。しかし，「量子論」というミクロの世界をあつかう物理学では，“無”はつねにゆらいでいると考えられています。

宇宙のほんとうのはじまりについては，まだ明らかではありませんが，今から約138億年前に，この無のゆらぎから，きわめて小さい宇宙が誕生したと考えられています。その大きさは10^{-34}センチメートルと，途方もない小ささです。

この超ミクロな宇宙は，誕生直後に急激に膨張しました。これを「インフレーション」といいます。そのスピードは誕生直後から10^{-36}～10^{-34}秒後という速さでした。**インフレーションの終わりとともに生じたのが，超高温・超高密度の火の玉状態である「ビッグバン」です。**

宇宙の物質はこの超高温・超高密度のビッグバンの初期につくられました。私たちの太陽系をはじめとする壮大な宇宙の歴史は，このビッグバンからはじまったと考えられています。

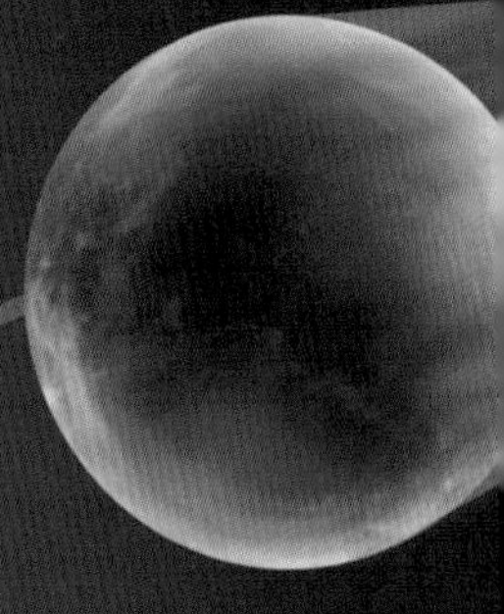

ビッグバンとは

宇宙は無から誕生したと考えられています。急激な膨張である「インフレーション」を経て，熱い火の玉のような「ビッグバン宇宙」が誕生しました。宇宙の物質の起源はビッグバンの初期にさかのぼります。

宇宙誕生から数億年後，恒星が生まれた

宇宙の誕生以降，無数の恒星や銀河がつくられてきた

下のイラストは，宇宙が誕生後に膨張をつづけるとともに，多数の銀河が成長してきたようすを示しています。右下は，天の川銀河の想像図です。天の川銀河は直径約10万光年の円盤状の構造をした，無数の恒星の集団です。私たちの太陽系は，天の川銀河の中心から約2万6000光年はなれた場所にあります。

宇宙の歴史

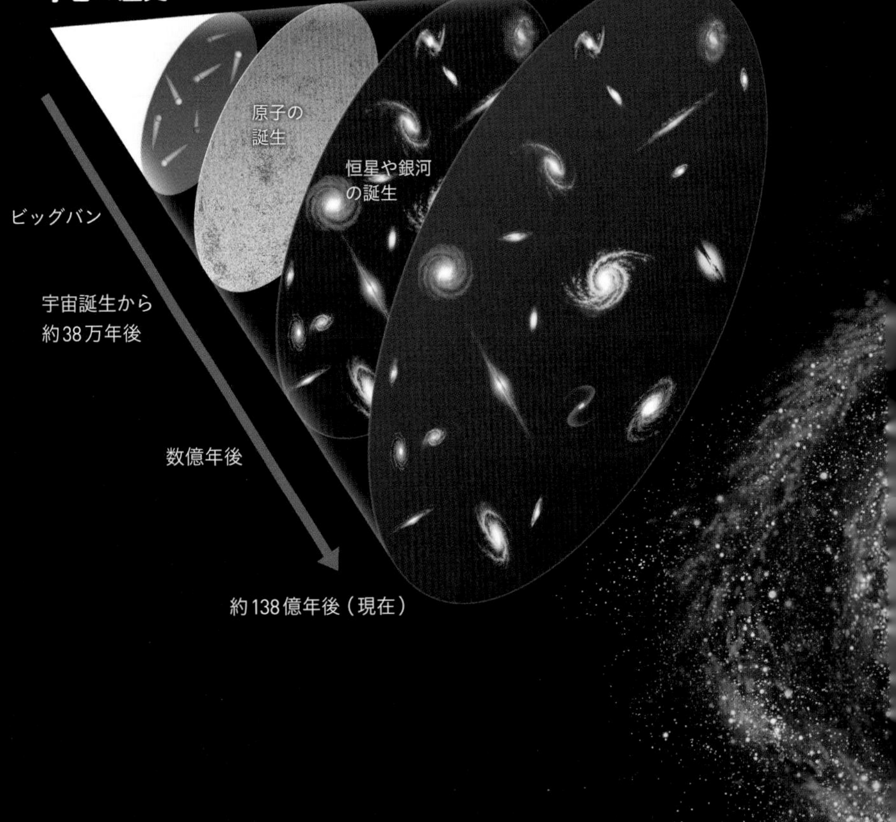

誕生直後に超高温・超高密度の“火の玉”状態だった宇宙では，その後の膨張とともに温度が下がった結果，ばらばらに飛びかっていた素粒子がまとまり，原子が誕生しました。それは，ほとんどが水素だったと考えられています。

原子が誕生したことにより，光が自由に飛ぶことができ，遠くまで見渡せるようになりました。これを「宇宙の晴れ上がり」とよびます。

水素原子は，存在する場所によってわずかに密度のちがいがありました。密度の大きい場所には，重力によってさらに多くの水素原子が集まり，水素分子のガスができました。

この水素ガスの集団から，ついに最初の恒星が誕生したと考えられています。続々と誕生する恒星は，集団となり「銀河」へと成長していきました。私たちの太陽系が属する「天の川銀河（銀河系）」もこうしてつくられました。

天の川銀河の恒星は，円盤状に分布していますが，この円盤の直径はおよそ10万光年と見積もられています。ちなみに1光年とは，光が1年かけて進む距離のことです。

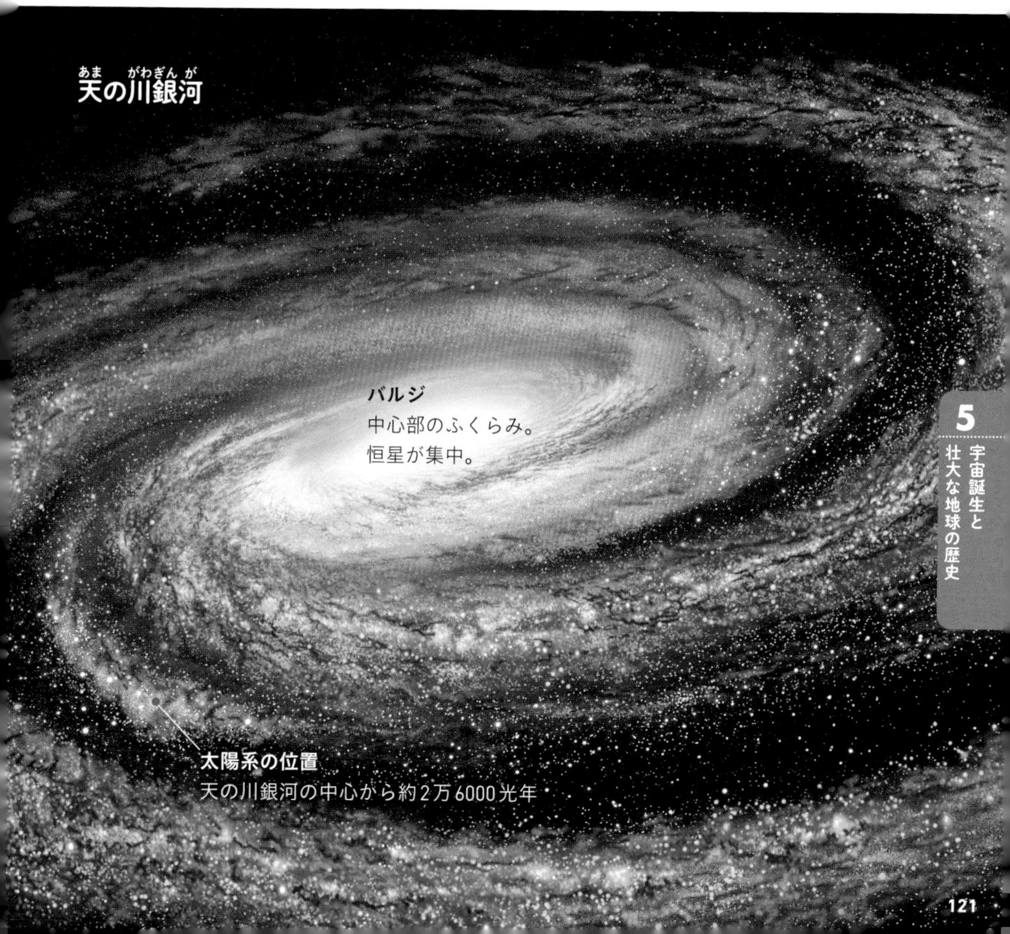

太陽が誕生し，太陽系が形成される

約46億年前，のちに原始太陽系円盤を形成するガスが集まって，太陽系の歴史ははじまりました。**ガス円盤の中心には，原始太陽が誕生します。やがてガスの中に含まれていたちりが集まって，膨大な数の微惑星が誕生します。**

衝突と合体をくりかえす微惑星は，原始惑星へと成長していきます。やがて，円盤のガスは太陽系の外に吹き払われていき，残されたのが現在の太陽系を形成する惑星や準惑星，小惑星などです。また，微惑星の中には，惑星にとらえられて，その惑星の衛星になったものもあると考えられます。

太陽に比較的近いところでは，水星，金星，地球，火星からなる「岩石惑星（地球型惑星）」がつくられ，その外側には「巨大ガス惑星（木星型惑星）」である木星と土星ができました。さらにその外側の天王星と海王星は，氷を主成分とする「巨大氷惑星（天王星型惑星）」とよばれています。**この三つのタイプを分けるのは，太陽からの距離です。**

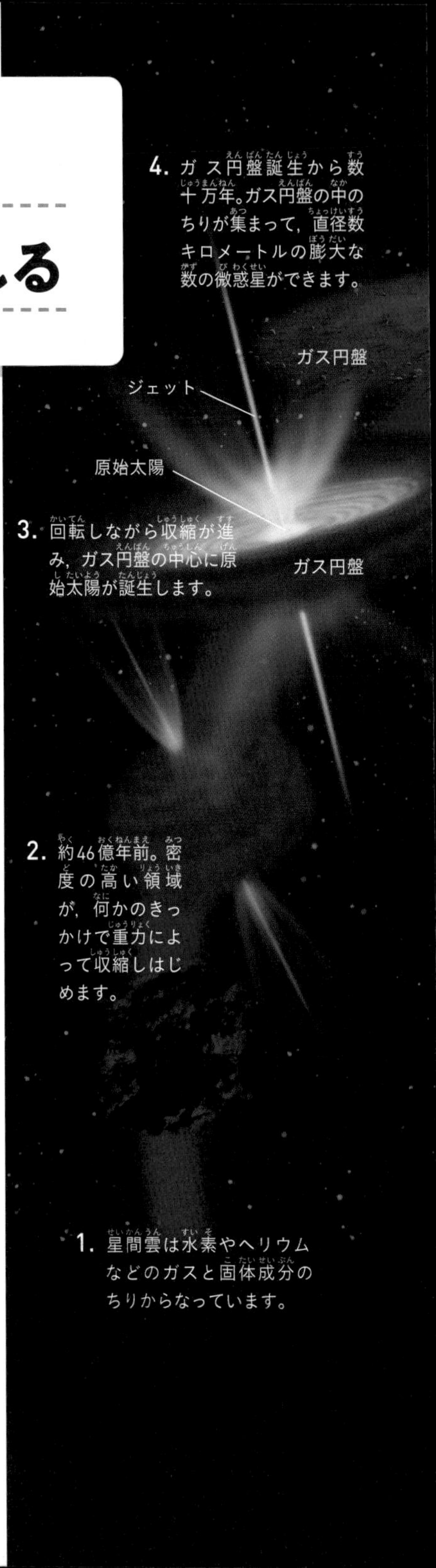

4. ガス円盤誕生から数十万年。ガス円盤の中のちりが集まって，直径数キロメートルの膨大な数の微惑星ができます。
ガス円盤
ジェット
原始太陽
3. 回転しながら収縮が進み，ガス円盤の中心に原始太陽が誕生します。
ガス円盤
2. 約46億年前。密度の高い領域が，何かのきっかけで重力によって収縮しはじめます。
1. 星間雲は水素やヘリウムなどのガスと固体成分のちりからなっています。

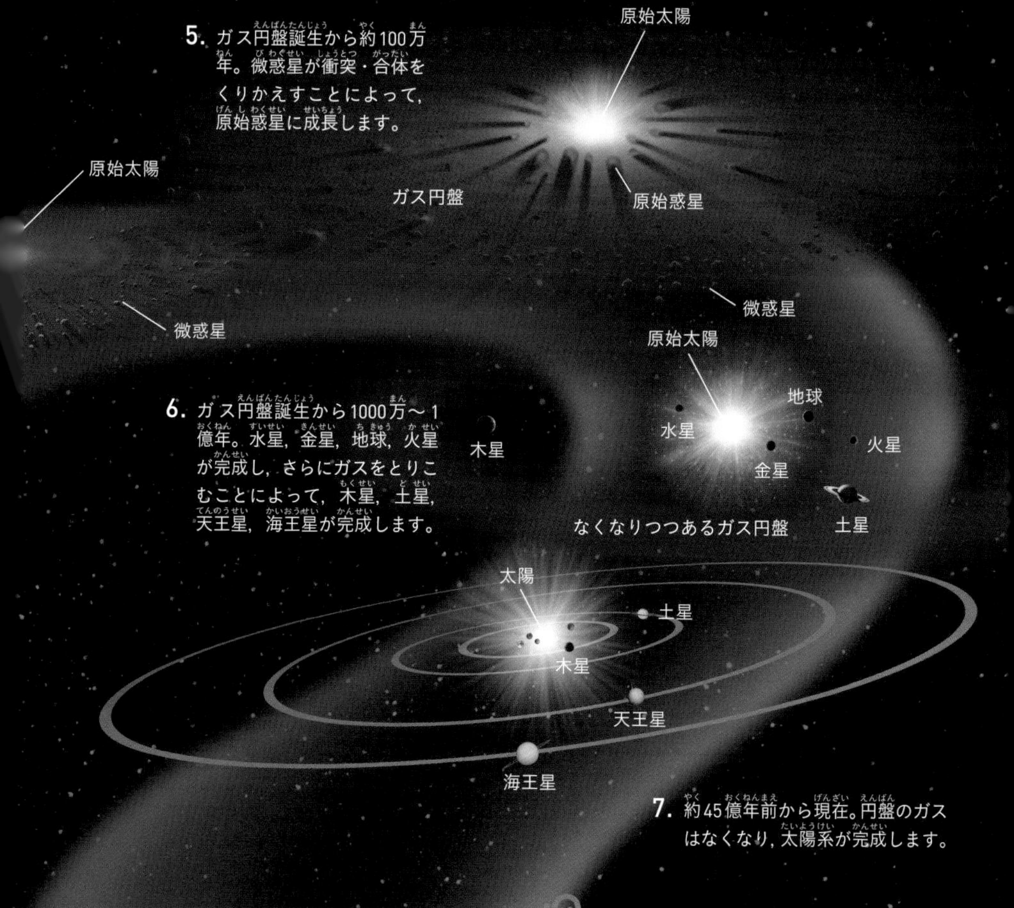

5. ガス円盤誕生から約100万年。微惑星が衝突・合体をくりかえすことによって，原始惑星に成長します。

6. ガス円盤誕生から1000万〜1億年。水星，金星，地球，火星が完成し，さらにガスをとりこむことによって，木星，土星，天王星，海王星が完成します。

7. 約45億年前から現在。円盤のガスはなくなり，太陽系が完成します。

太陽系の形成

約46億年前から現在に至るまでの太陽系の歴史をダイジェストでえがきました。星間雲の一部が収縮をはじめ，原始太陽が生まれます。そのまわりのガス円盤の中で微惑星が誕生。やがて原始惑星へと成長し，現在の太陽系が完成します。

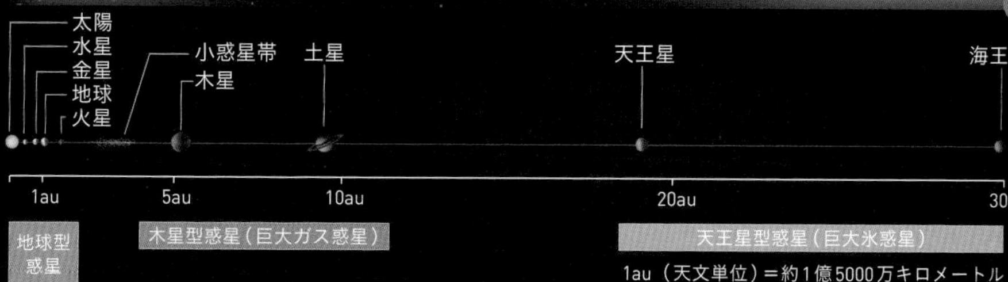

1au（天文単位）＝約1億5000万キロメートル

微惑星の衝突で地球がつくられた

微惑星の衝突で地球がつくられた

衝突をくりかえし，しだいに大きくなる原始地球の荒々しいイメージです。のちに「青い惑星」とよばれる姿は，この時点では想像もつきません。

火星サイズの原始惑星が，地球形成の最終段階で衝突し，そのとき飛び散った破片で月が形成されました。

月を誕生させたジャイアント・インパクト

月が生まれた仮説として有力視されているのがジャイアント・インパクト説（巨大衝突説）です。それによると，まず火星ほどの大きさ（地球の約半分）の原始惑星が地球に衝突し，衝突のエネルギーで蒸発・溶融した物質が原始地球の周囲に飛び散ります。飛び散った物質が原始地球をとりまく円盤を形成し，円盤となった物質がたがいに衝突・合体し，月が形成されたというものです。

太陽系の形成初期には，微惑星が100億個ほどもあったとみられています。その微惑星どうしが衝突・合体をくりかえし，多くの原始惑星が形成されました。そのサイズは現在の地球の4分の1から2分の1ほどだったとみられています。

原始惑星もたがいに衝突をくりかえし，惑星へと成長していきます。太陽に近い水星，金星の形成は早く，大量に氷を集めた木星も，その形成は早かったとされています。

地球も，形成過程の後半は原始惑星どうしが巨大衝突をくりかえして成長したと考えられています。大きな惑星の衝突によって，原始地球は溶融し，地表はマグマの海（マグマオーシャン）におおわれ，その周囲に水蒸気の大気をまとっていたと考えられています。

やがて，地球の温度が低下したことにより，大気中の水蒸気が水滴となって降り注ぎ，地表に海がつくられ，生命が誕生することとなります。

太陽は巨大なガスのかたまり

太陽は主に水素71%，ヘリウム26.5％でできた巨大なガスのかたまりです。その半径は約70万キロメートルです。可視光線は，太陽表面にある厚さ約400キロメートルの「光球」から放たれています。光球の表面温度は約6000K※で，周辺より温度が低い「黒点」や周辺よりも温度が高い「白斑」が存在しています。

太陽の中心部では，水素原子が融合してヘリウム原子となる際に，大きなエネルギーが発生する核融合反応が進行しています。このエネルギーは「放射層」へ移り，そこから外側へと運ばれます。放射層の外側には「対流層」があり，内側と外側で温度がことなっています。これがガスの対流を生み，この対流の流れに乗って，光球からエネルギーが宇宙空間に放たれています。

光球の外には1万Kの「彩層」(厚さ数千キロメートル)があり，その上にはさらに高温で約100万Kの「コロナ」が広がっています。また，彩層の一部がコロナの中に噴き上がる現象は「プロミネンス(紅炎)」といいます。**太陽から放たれる荷電粒子(イオン)は「太陽風」とよばれます**。強い太陽風は，地球上の通信を乱すなど，私たちの生活に大きな影響をあたえます。

表面温度が6000K，その上空は100万K

中心核では核融合反応がおきており，1600万Kと高温です。それから表面にいくにつれて温度は冷え，光球では6000Kまで下がります。しかし，そこから2000キロメートルあまり上空のコロナは，100万Kに加熱されています。

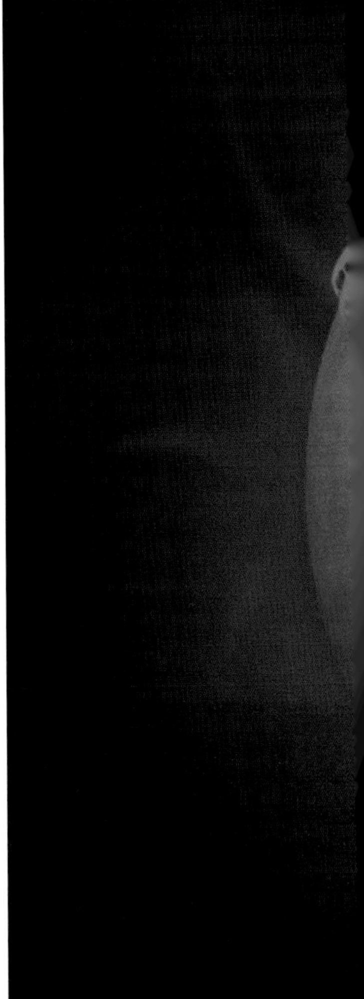

※：ケルビン(K)は絶対温度の単位。セ氏温度をTとすると絶対温度K＝T＋273.15です。

太陽の構造

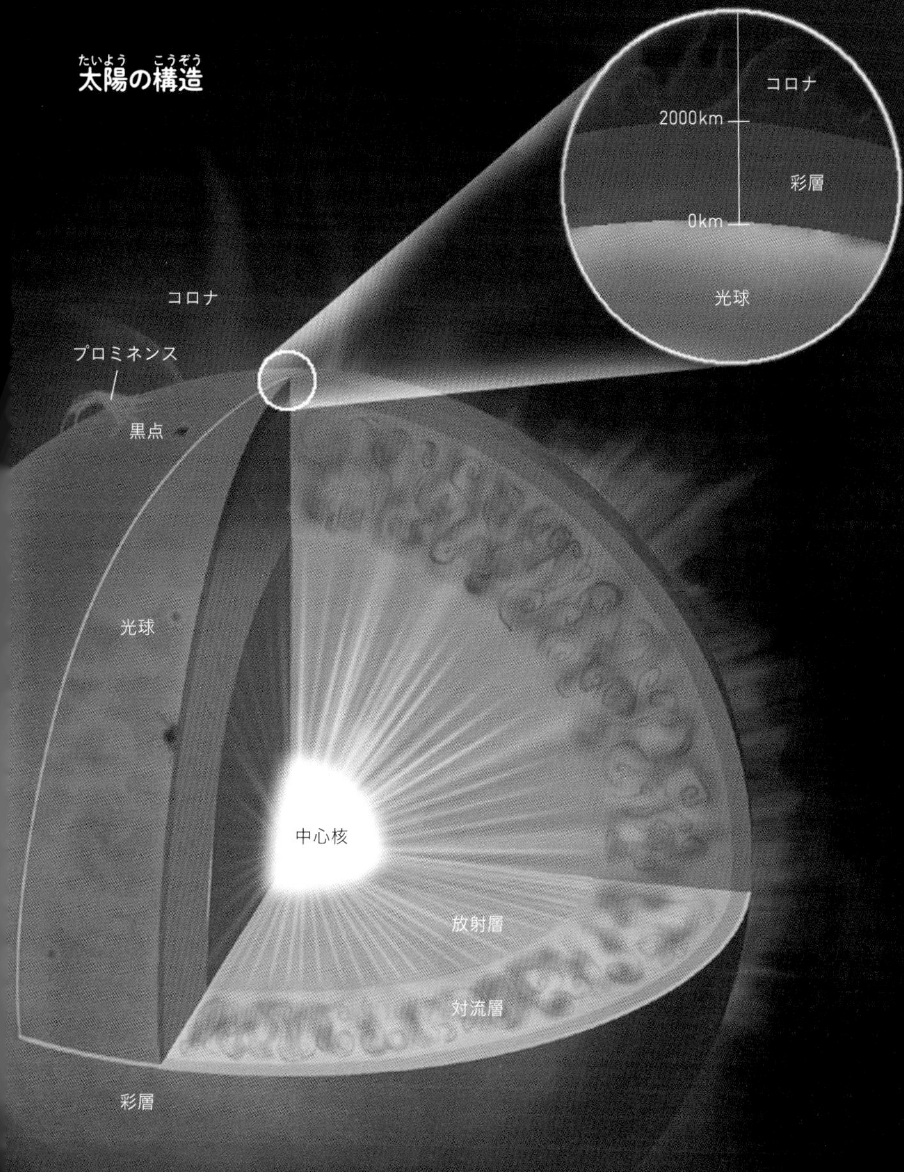

太陽のスペクトルとは

太陽は，さまざまな波長の電磁波を放射しています。電磁波を波長別に分けたものを「スペクトル」といいます。太陽光を分光器に通すと，スペクトルの中に，黒い線が無数に入っていることがわかります。これは，暗線（吸収線）とよばれるものです。太陽の表面付近には，水素だけでなく，微量のカルシウムやナトリウム，マグネシウム，鉄などの元素が含まれますが，この不純物が内部から放出される太陽光を吸収するため暗線が生じるのです。

地球の公転と自転が時間の概念につながった

夜空を見上げると，星座を構成しているさまざまな恒星を見ることができます。そして数時間後，もう一度同じ位置から夜空を見上げてみると，星座は先ほど見た位置から移動しています。なぜでしょうか。

星座は南の空では一晩かけて東から西へ弧をえがくように移動します。一方，北の空では反時計まわりに移動します。しかし，星座を形づくっている恒星の位置関係はほとんど変わりません。事実，星座が考えられた数千年前の時代から，その形はほとんど変わっていないのです。

恒星が全体として動いているように見えるのは，地球が自転しているからです。このように約1日を周期として，天球が回転する運動を「日周運動」といいます。1日という長さはこの自転周期が基準となっているのです。

星座は季節によってその姿を変えますが，なぜ季節によって，見える星座がことなるのでしょうか。**それは地球が太陽を中心に1日に約1°ずつ公転しているからです。これによって，星座の位置は，1°ずつずれていき，1年後に元の位置にもどるのです。これを「年周運動」といいます。**1年という長さはこの公転周期が基準となっているのです。

北半球での恒星と日周運動

右の図で，観測者は南の空を見上げているため，星座は，天球に沿って東から西へ移動するように見えます。観測者が北の空を見上げると，北極星を中心に反時計まわりに円をえがくように移動します。

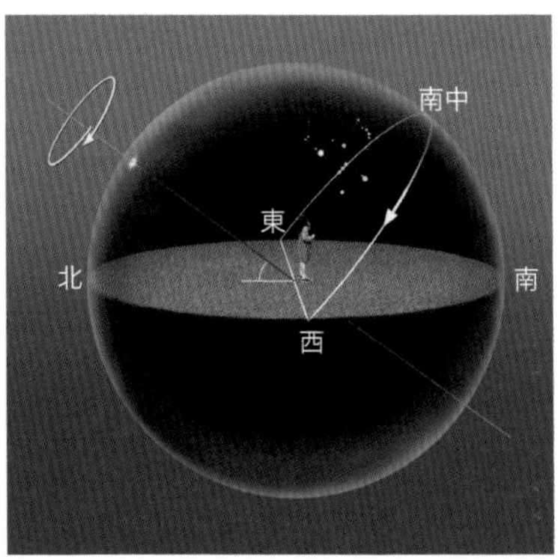

恒星の年周運動

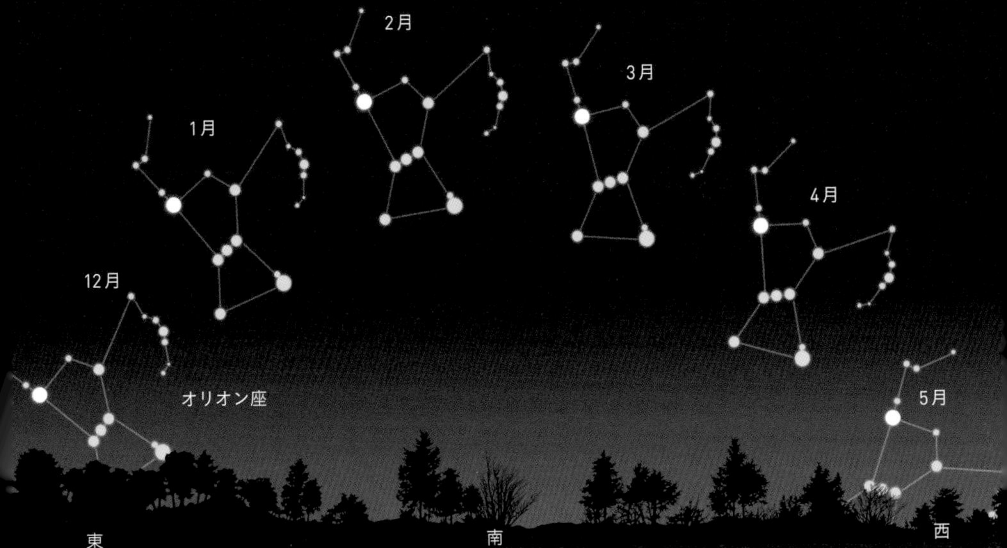

オリオン座の年周運動です。東京で各月の1日午後8時に見ることのできるオリオン座の位置を示しています。オリオン座は，12月に東南の夜空にあらわれ，2月に南の空の最も高い場所（南中）に移動し，5月ごろに姿を消します。同じ場所，同じ時刻で同じ星座を見ても，その位置が少しずつずれていくのは，夜空全体が1日に1°ずつ多く回転している，つまり地球が公転しているためです。

恒星の日周運動

北の空で見える星の動き

上は北の空での約1時間の恒星の軌跡です。北の空では，北極星を中心に，恒星が反時計まわりに円をえがくように移動します。

南の空で見える星の動き

上は南の空での約30分間の恒星の軌跡です。南の空では，弧をえがくように恒星が東から西へ移動します。

月が満ちたり、欠けたりするのはなぜ？

月は太陽の光を反射することによって光っています。**このため，月と地球と太陽の位置関係によって，月が満ちたり，欠けたりして見えます**。

たとえば，太陽と地球の間に月がくると，地球からは月の影しか見えません。これを「新月（朔）」といいます。一方，月と太陽の間に地球がくると，月は太陽に照らされるので，地球から月面を見ることができます。これを「満月（望）」といいます。

そして，新月と満月の間の月を「上弦の月」，満月と新月の間の月を「下弦の月」といいます（左下の図）。さらに，新月から上弦，満月，下弦を経てふたたび新月になる周期のことを「朔望月」といい，その周期は約29.5日です。

満月のとき，月は地球をはさんで太陽の反対にあります。**天球上の月の通り道（白道）と，太陽の通り道（黄道）は普段ずれていますが，月が黄道に近くなると，地球の影に入り暗くなります。この現象が月食です**。

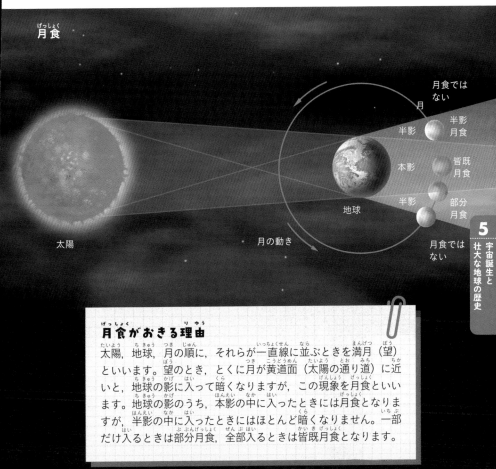

月食

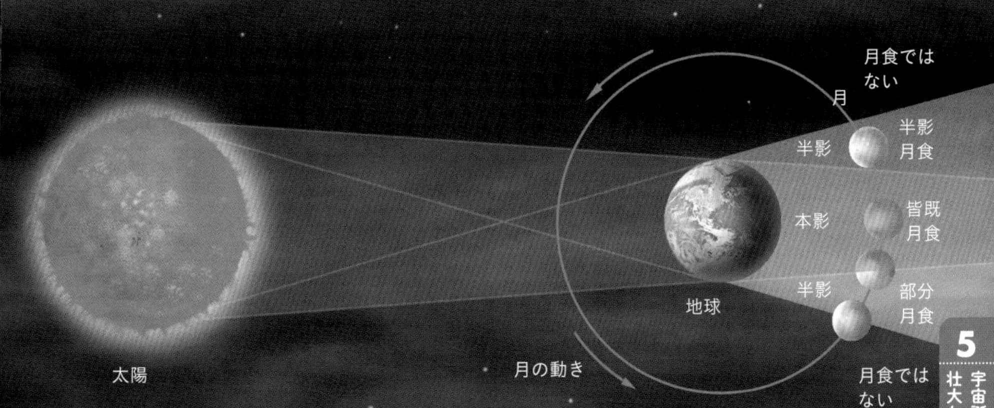

月食がおきる理由

太陽，地球，月の順に，それらが一直線に並ぶときを満月（望）といいます。望のとき，とくに月が黄道面（太陽の通り道）に近いと，地球の影に入って暗くなりますが，この現象を月食といいます。地球の影のうち，本影の中に入ったときには月食となりますが，半影の中に入ったときにはほとんど暗くなりません。一部だけ入るときは部分月食，全部入るときは皆既月食となります。

太陽からの絶妙な距離が，地球を生命の星にした

太陽系のハビタブル・ゾーンは火星の先まで？

太陽系のハビタブル・ゾーンを，惑星が公転している円盤の面に色をつけて示しました。内側の赤い部分は，太陽に近すぎて液体の水が存在できない領域です。その外側の黄緑色の部分は，惑星に温室効果がはたらかなくても液体の水が存在できる温度となる領域です。この黄緑色の部分と，その外側の水色の部分がハビタブル・ゾーンです。水色の部分は，惑星にはたらく温室効果の大きさによっては，液体の水が存在可能な領域です。地球はこの領域に含まれています。過去の火星が温暖だったとすれば，火星の軌道もハビタブル・ゾーンに入っていることになります。

生命が存在するためには，液体の水が必要です。そこで，惑星に液体の水が存在するための条件に注目してみましょう。

まず，地表面の温度が0～374℃でなければなりません（100℃をこえても圧力が高ければ水は液体として存在できます）。この温度を決める重要な要素の一つが，太陽と地球との距離です。

太陽に近すぎれば水がすべて蒸発し，逆に遠すぎれば凍りついてしまうでしょう。**液体の水が存在できる領域を，「ハビタブル・ゾーン（生命生存可能領域）」とよびます**。

ただし，太陽からの距離だけが重要なわけではありません。地球は太陽光の70％を吸収していますが，もし雲や氷など白い部分がふえれば反射率が上がり，地球は寒くなります。

さらに地球の大気も，地球の表面温度に大きく影響します。大気の温室効果がなければ，地球の平均気温は－18℃になると予測されます。実際の平均気温はおよそ14℃であり，地球はまさに大気の温室効果のおかげで適温を維持できているのです。

また，惑星のサイズや岩石惑星であること，太陽の寿命が短すぎないことなど，さまざまな条件に恵まれて，地球は生命があふれる“奇跡の惑星”となったのです。

恒星の明るさや，年齢によっても変化

中心にある恒星の明るさしだいでハビタブル・ゾーンの範囲は変化します。明るい恒星では外側に，暗い恒星では内側に移ります。また，同じ恒星であっても，時間の経過とともにハビタブル・ゾーンの範囲が変化することが知られています。太陽はだんだんと明るくなっており（46億年前は現在の70％の明るさでした），それにつれてハビタブル・ゾーンも徐々に外側に移動しています。15億～25億年後には，ハビタブル・ゾーンは地球の外側に移動するはずです。

地球(ちきゅう)と生命(せいめい)の長(なが)い歴史(れきし)

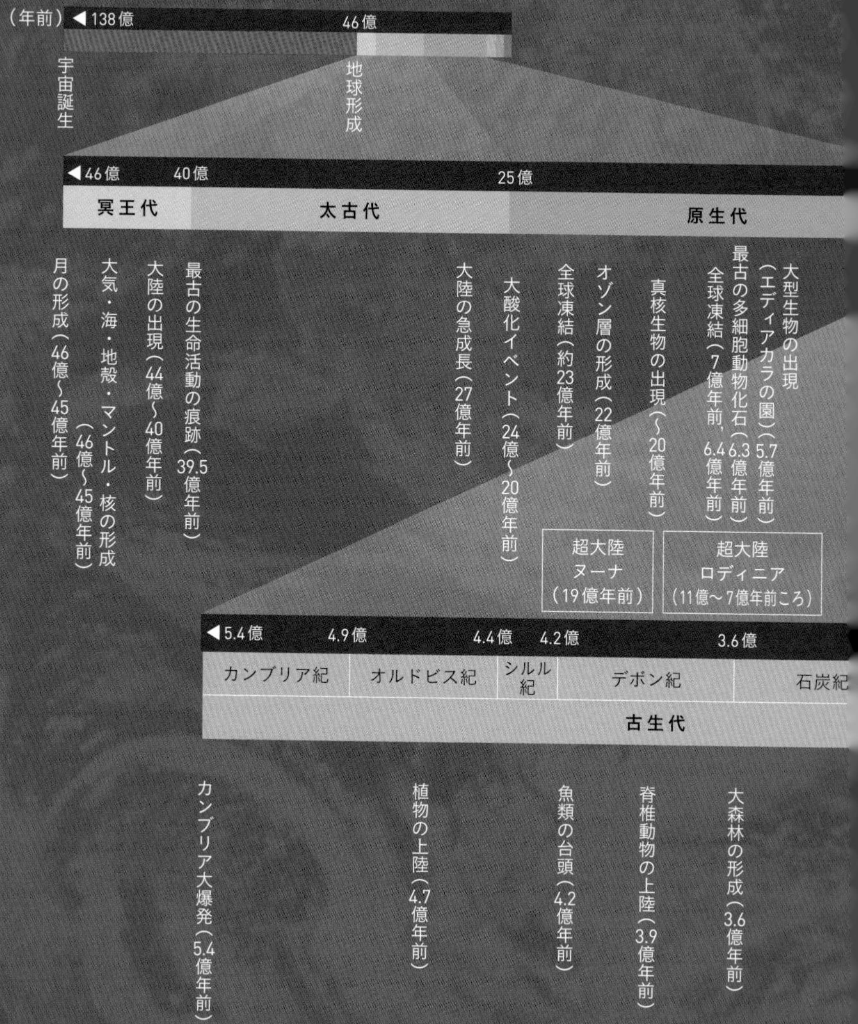

（年前）
◀138億
46億
宇宙誕生
地球形成
◀46億
40億
25億
冥王代
太古代
原生代
月の形成（46億〜45億年前）
大気・海・地殻・マントル・核の形成（46億〜45億年前）
大陸の出現（44億〜40億年前）
最古の生命活動の痕跡（39.5億年前）
大陸の急成長（27億年前）
大酸化イベント（24億〜20億年前）
全球凍結（約23億年前）
オゾン層の形成（22億年前）
真核生物の出現（〜20億年前）
全球凍結（7億年前、6.4億年前）
最古の多細胞動物化石（6.3億年前）
大型生物の出現（エディアカラの園）（5.7億年前）
超大陸
ヌーナ
（19億年前）
超大陸
ロディニア
（11億〜7億年前ころ）
◀5.4億
4.9億
4.4億
4.2億
3.6億
カンブリア紀
オルドビス紀
シルル紀
デボン紀
石炭紀
古生代
カンブリア大爆発（5.4億年前）
植物の上陸（4.7億年前）
魚類の台頭（4.2億年前）
脊椎動物の上陸（3.9億年前）
大森林の形成（3.6億年前）

地球と生命の長い歴史を振りかえってみましょう。

現在の地球は，その歴史の結果として存在しています。私たちが独自の人生を歩んでいるように，地球も独自の歴史を歩んできたのです。

地球の歴史は，大きく四つの「代」に分けることができます。古いほうから「冥王代」「太古代」「原生代」（三つをまとめて「先カンブリア時代」），「顕生代」です。

さまざまな動物種が誕生し，絶滅をくりかえしながら進化した「顕生代」は，さらに「古生代」「中生代」「新生代」の三つに分けられます。

私たち人類が地球上に登場したのは700万年前。地球の歴史の中では，ほんの最近のことなのです。

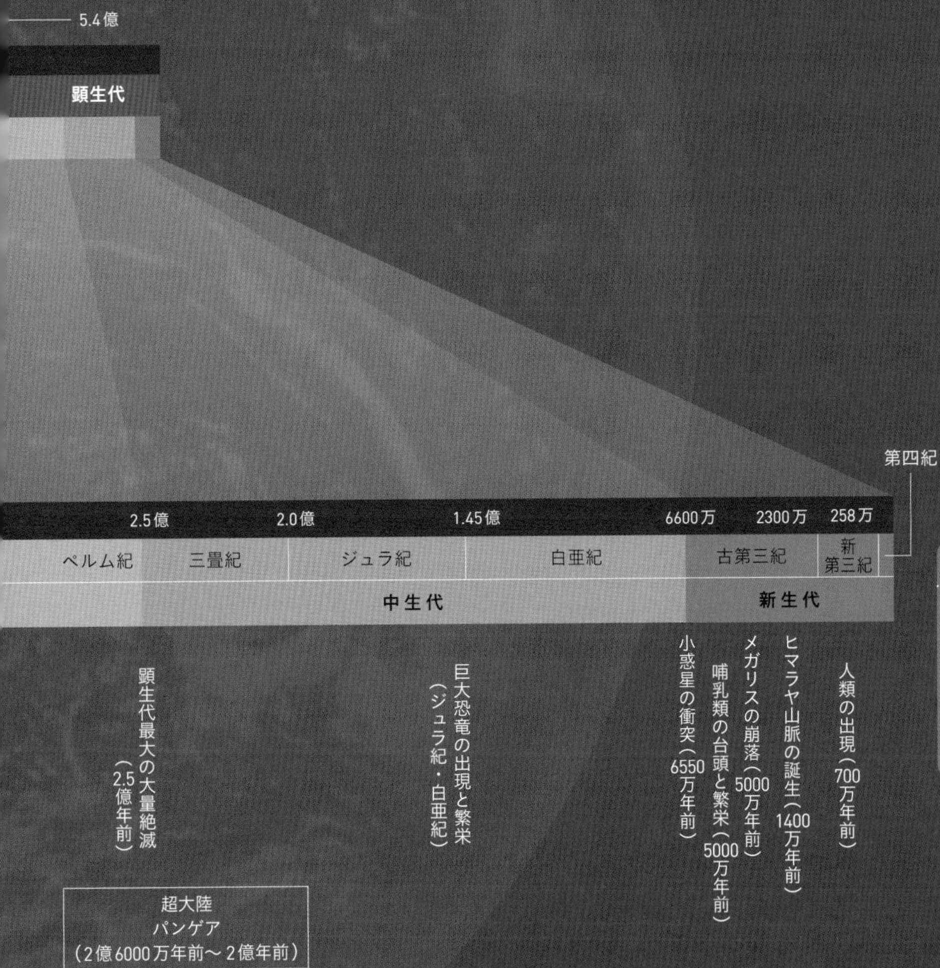

地球史に残る未解決問題

月の誕生

月の起源に関して，現在広く支持されているのが124ページで紹介した「ジャイアント・インパクト説」です。しかし，数値シミュレーションによると，月になるのは衝突天体の破片なのですが，月の石には地球に衝突した天体の成分が含まれているようにはみえないのです。そのため，月は小天体が複数回衝突することでできたのではないかという「複数衝突説」を考える研究者もいます。

生命の起源

地球の生命は，いつどこでどのように誕生したのか，これは地球史の未解決問題の中でも，最大級の謎といえるでしょう。「いつ」については，39.5億年前の岩石の中に地球最古の生命の痕跡と思われるものが発見されているので，生命の誕生自体はそれよりも前，おそらく40億年よりも以前であろうと考えられます。「どこで」に関しては，「海の中」というのが最も広く支持されている説です。海底には，マグマで熱せられた海水が噴出す

水はどこからきたか

地球をつくる材料となった微惑星のなかに水が含まれていたとしたら，地球形成末期の巨大衝突によって形成されたマグマオーシャンから水蒸気が蒸発し，それがやがて凝結して地表に雨となって降り，海が形成されたのであろうと考えられます。もちろん，地球形成後に，水に富んだ材料物質が水を供給した可能性は否定できません。（いずれにしても，海はかなり早い時期に形成されたと考えられます。）

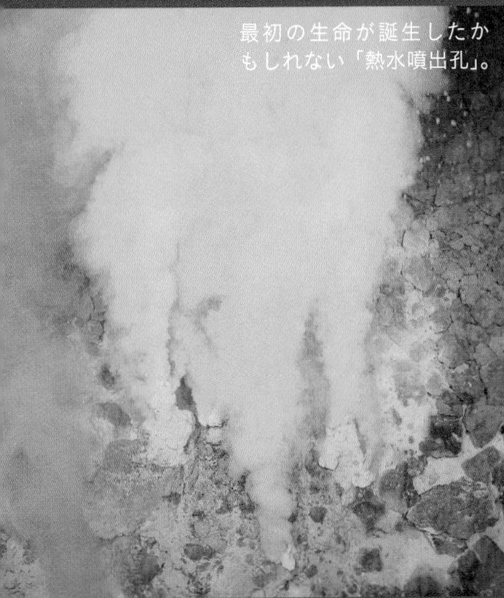

最初の生命が誕生したかもしれない「熱水噴出孔」。

る「熱水噴出孔」があります。生物を構成するタンパク質はアミノ酸からできており，アミノ酸は条件さえそろえば，メタンやアンモニアなどから自然と合成されます。熱水にはメタンやアンモニアなどが多く含まれているため，最初の生命が誕生した有力な候補地となっています。

スノーボールアース（全球凍結）

スノーボールアースとは，地球が赤道付近まで厚い氷におおわれた状態をさします。約23億年前，約7億年前，そして約6億4000万年前の3回おきたことがわかっていますが，赤道まで凍りつくほどの寒冷化がどのようにはじまったのかはわかっていません。細菌は，凍りついた地球を生きのびても不思議はありません。しかし，藻類が全球凍結を生きのびられるとは考えられません。どこかに生物が生きのびられるオアシスがあったのかもしれません。

スノーボールアース。地球は赤道域まで厚さ1000メートルの氷におおわれました。

ほかにもこんな未解決問題が…

地球の磁場

地球をおおう磁場は，有害な太陽風が地上に届くことを防いでいます。磁場をつくっているのは地球のコア（核）ですが，現在のような磁場がいつ形成されたかはまだわかっていません。

プレートテクトニクス

地球の表面をおおう固いプレートが移動する現象（プレートテクトニクス）は，火星や金星にはありません。なぜ地球にだけおきたのでしょうか。

暗い太陽のパラドックス

昔の太陽は今よりも暗く，地球に届くエネルギーも少なかったのに，過去の地球は温暖でした。太陽エネルギーが少なかったのに地球をずっと温暖に保てたほんとうの理由は，今でも議論が続いています。

用語集

天の川銀河

地球が属する太陽系がある銀河。銀河系ともよぶ。1000億～数千億個もの恒星があるとされ，直径10万光年，中心部（バルジ）の厚みは1万5000光年の円盤状をなしている。

温室効果

地球や惑星の表面から放射される赤外線が，大気に含まれる特定の物質（温室効果ガス）によって吸収されることで，直接宇宙空間に放射されずに，地表面や大気が暖められる効果のこと。

海洋表層水・深層水

海水は，水深数百メートルにある水温躍層（海水の温度が急激に下がる場所）を境に，表層水・深層水とよび分けられている。

海嶺

海底にある山脈で，急な斜面をもつ。ゆるやかな斜面をもつものは海膨とよばれる。海嶺や海膨では，地球内部からわき上がってきたマグマにより新たなプレートが誕生する。

火砕流

重くなった火山の噴煙が上昇できず，山を流れくだったもの。その速さは時速100キロメートルをこえる場合もある。

火山砕屑物

マグマにとけていた水が発泡して多孔質になった軽石や，火口周辺の岩石が砕けたもの。直径2ミリメートル以下のものは，火山灰とよばれる。

カルデラ

火山活動や火口の崩壊によってできた，巨大な円形の陥没地形。直径は，数キロから数十キロメートルのものが多い。超巨大噴火でなくても形成される場合がある。

寒流・暖流

寒流は高緯度から低緯度に向かって流れ，上空の空気から熱をうばう海流。栄養分を豊富に含んでいるものが多い。一方，暖流は低緯度から高緯度へ流れ，上空の空気に熱をあたえる海流。栄養分にとぼしいものが多い。

気候

毎年生起する気象を，過去30年間にわたって平均した状態のこと。天気や気温，降水量，風など，その地域を特徴づける傾向を示す。大気と海洋の循環に加えて，地形（山脈など）の影響などによって形成される。

銀河

無数の星の集団。多くの銀河の中心には，ブラックホールがある。天の川銀河の中心にあるのは「いて座A*（エースター）」。

恒星

中心部でおこる水素の核融合反応によって，みずから光かがやく星。太陽も恒星の一つ。

地震波トモグラフィー

X線による医療のCTスキャンのように，地球内部を通ってきた地震波を用いて内部のようすを“みる”技術。

自転・公転

自転とは，天体自身が重心を通る軸を中心に，コマのようにまわる運動のこと。公転とは，惑星（衛星）が太陽（惑星）のまわりをまわったり，太陽系が天の川銀河のまわりをまわったりする運動のこと。

鍾乳洞

内部に鍾乳石が形成されている洞窟のこと。鍾乳石ができている人工のトンネルも含まれる。また，鍾乳石の成分も炭酸カルシウムに限らない。

大陸移動説

地球上の全大陸は，かつて1か所に集まって超大陸パンゲアをつくっていたとする説。ドイツの気象学者アルフレッド・ウェゲナーが1912年に発表した。

断層・活断層

地殻（岩盤）の中にある割れ目のことで，周囲の岩石にくらべると強度が弱い。断層の中でも，数十万年以内にくりかえし地震を引きおこしているものを活断層とよぶ。

地殻

地球の最も外側にあり，数～数十キロメートルの厚さをもつ層。二酸化ケイ素を主成分とする岩石でできており，その割合は55％とみられている。

中央構造線

日本列島に沿って東西方向にのびる長大な断層。九州東部・四国北部・紀伊半島北部などを通り，関東地方に至る。中央構造線は，フォッサマグナにかかる部分で大きく折れ曲がっている。

熱帯低気圧

強い日差しで暖められた海面に発生した積乱雲が渦を巻いたもの。はげしい雨と風をもたらす。東経180°以西の北太平洋と南シナ海で発生したものを「台風」，大西洋と東経180°以東の太平洋に発生したものを「ハリケーン」，ベンガル湾とインド洋，オーストラリア近海で発生したものを「サイクロン」とよぶ。

ビッグバン

誕生直後の急激な膨張によってできた超高温・超高密度の宇宙のこと。物理学者のジョージ・ガモフによって提唱された。

氷河

降り積もった雪が押し固められてできた大規模な氷のかたまり。高山にできる山岳氷河と，大陸の起伏をおおうほどの巨大な大陸氷河（氷床）がある。氷床が存在する時代を，氷河時代という。

フォッサマグナ

新潟県南部から静岡県伊豆半島一帯までつづく，深さ6000メートル以上の“溝（地溝帯）”のこと。

付加体

海洋プレートの上にたまった堆積物の一部が，プレートが沈みこむ際に大陸側にはぎ取られて端にくっつき，堆積岩となったもの。

プレート

地球の表面をおおう，十数枚の板状のかたい岩盤のこと。マントル最上部と地殻からなり，その厚さは海洋域で30～90キロメートル，大陸域では100キロメートルほどとされている。

プレートテクトニクス理論

地球の表面は十数枚の岩盤（プレート）からなっており，プレートがたがいに運動することによって，地震や火山，造山運動などの現象が生じるとする理論。アメリカのモーガン博士，イギリスのマッケンジー博士，フランスのルピション博士らによって1960年代後半に創始された。

変成岩

岩石が地下で高温，高圧にさらされて化学組成や結晶構造が変化したもの。たとえば，かたくて建物の石材に活用される大理石は，石灰岩が高温のマグマに触れることで，変成作用をおこし，生まれた岩石である。この作用を「接触変成作用」という。

マグマ

地下に存在するとけた岩石のこと。主にマントルをつくる岩石が部分的にとけ，液体になることで生じる。

マントル

核の外側にある厚さ2900キロメートルの層で，下部マントルと上部マントルに分けられる。二酸化ケイ素を主成分とする岩石でできており，その割合は45％とみられている。

惑星

恒星のまわりを公転する星。自分で光を出すことはできず，恒星の光を反射してかがやく。地球も惑星の一つ。

おわりに

これで『ぎゅぎゅっと地学』はおわりです。いかがでしたか？

プレートの移動によって山が形成されたり，地震がおきたりするということは知っていたという読者も多いかもしれません。しかし，日本列島が回転しながらくっついてできたかもしれない，ということはおどろきだったのではないでしょうか。ほかにも，地球の活動のスケールの大きさを実感できる話が数多く出てきたことと思います。

その成り立ちや環境を考えると，日本が地震の多い国である理由もみえてきます。2011 年の東北地方太平洋沖地震や 2016 年の熊本地震，2024 年の能登半島地震など，記憶に残る地震は少なくありません。それ以外にも，台風や長雨による被害など，日本はたびたび大きな自然災害にみまわれています。そして日本だけでなく，世界でも地震や津波，大雨や干ばつといった大きな自然災害はおきています。

しかし，地球の活動がもたらすのは災害だけではありません。美しい山や海といった風景，四季折々の多様な自然の姿，月の満ち欠けや星の動きなど，私たちを魅了するものもたくさんあります。私たち人類が地球環境に関心をもつことの重要性，そしてそのおもしろさを実感していただけたと思います。休日にでも，公園のベンチに腰かけて，自然を満喫しながらのんびり本書を読みなおしてみてはいかがですか。

地球と生命の歴史は奇跡の連続

およそ24億年前
地球が完全に凍りついた!

私たちの祖先は
5度もおきた大量絶滅を
どう生きのびた?

――目次（抜粋）――

【プロローグ】地球の歴史年表 【地球が生まれるまで】暗やみの中に，原始太陽の“卵”ができた／100億個もの“惑星のもと”がつくられた／地球はドロドロのマグマにおおわれた／巨大衝突によって，地球の運命が変わった 【生命誕生までの長い道のり 46億～38億年前】 強酸性の大雨が，地表に海をつくった／生命の材料は，隕石や彗星がもたらした?／生命誕生の最有力候補地は，海の底／「膜のカプセル」が生命誕生のかぎをにぎる 【酸素の発生と地球大凍結 30億～6億年前】地球に酸素はなく，空は赤かった／24億年前，地表全体が厚い氷におおわれた／酸素を効率よく使用する「真核生物」の登場／凍った地球で生物はどう生きのびた? 【動物の陸上進出と大陸の分裂 5億7000万～6600万年前】生物が爆発的に多様化したカンブリア紀／3億9500万年前，脊椎動物が陸上進出した／地球に存在する大陸が一か所に集合!／小惑星の衝突が，恐竜の時代を終わらせた 【哺乳類の繁栄，人類の誕生 5000万年前～現代】哺乳類の繁栄の決め手は「すぐれた歯」と「胎生」／南半球にあったインドが大規模に北上!／700万年前，最初の人類「猿人」があらわれた／そして，人類史がはじまる ほか

Staff

Editorial Management	中村真哉
Cover Design	秋廣翔子
Design Format	村岡志津加（Studio Zucca）
Editorial Staff	上月隆志，谷合 稔

Photograph

31	a_text/stock.adobe.com
33	Archivist/stock.adobe.com
34-35	Seiji/stock.adobe.com
36-37	Martinan/stock.adobe.com
38-39	show999/stock.adobe.com
40	藤井一至
42-43	Seiji/stock.adobe.com
44-45	Wirestock/stock.adobe.com
46-47	hatchan/stock.adobe.com
78-79	Miyuki39/stock.adobe.com
81	oben901/stock.adobe.com
115	Jan Will/stock.adobe.com
137	Submarine Ring of Fire 2014 -Ironman, NOAA/PMEL, NSF

Illustration

表紙カバー	Newton Press
表紙，2	Newton Press
8-9	山本 匠
9	NewtonPress
11	NewtonPress
12-13	山本 匠
14-15	NewtonPress
15	田中盛穂
16-17	NewtonPress
19～21	NewtonPress
23	木下真一郎
24-25	NewtonPress
27	Newton Press・羽田野乃花
29	Newton Press（Credit ①，断面の標高図：国土地理院）
33	Newton Press（Credit ②）
35	Newton Press
37	Newton Press
43	Newton Press・秋廣翔子
45	Newton Press
48-49	Newton Press
51～55	Newton Press
56-57	Newton Press（Credit ①，断面の標高図：国土地理院）
57	奥本 裕志
58-59	Newton Press（Credit ①）
61～63	Newton Press
64-65	Newton Press（Credit ①，断面の標高図：国土地理院）
67	青木 隆，Newton Press
69	Newton Press
71	Newton Press，羽田野乃花
72-73	奥本 裕志
74-75	Newton Press，小谷晃司
76～81	Newton Press
83	Newton Press
85～95	Newton Press
96-97	Newton Press，富崎 NORI
98-99	Newton Press（Credit ②）
100-101	Newton Press
102-103	【中央の画像】Newton Press（Credit ②），【左右】木下真一郎
104-105	Newton Press（Credit ②）
107	Newton Press
108-109	Newton Press（気候区分のデータ：Beck, H.E., N.E. Zimmermann, T.R.McVicar, N. Vergopolan, A. Berg, E.F.Wood:Present and future Köppen-Geiger climate classification maps at1-km resolution, Nature ScientificData, 2018.）
110-111	Newton Press
112-113	Newton Press（地図：J BOY/stock.adobe.com）
115	Newton Press（グラフ：IPCC 第 6 次評価報告書第 1 作業部会報告 SPM-29）
116～137	Newton Press
141	Newton Press

Credit ① 地図作成：Dem Earth,
地図データ：©Google Sat.
Credit ② 地図データ：Reto Stöckli, NASA Earth Observatory

本書は主に，ニュートン別冊『大人の教養教室　新・地学の教科書』の一部記事を抜粋し，大幅に加筆・再編集したものです。

監修者略歴：

田近英一／たぢか・えいいち

東京大学大学院理学系研究科地球惑星科学専攻教授。博士（理学）。1963年，東京都生まれ。東京大学大学院理学系研究科博士課程修了。専門は地球惑星システム学，地球史学，比較惑星環境学，アストロバイオロジー。地球環境の進化や変動，地球と生命の共進化，惑星環境の進化や安定性などの理論的な研究を行っている。

超絵解本

ダイナミックで壮大な地球のサイエンス

大地、海、空、そして宇宙　ぎゅぎゅっと地学

2024年7月1日発行

発行人　松田洋太郎
編集人　中村真哉
発行所　株式会社 ニュートンプレス
〒112-0012東京都文京区大塚3-11-6
https://www.newtonpress.co.jp
電話 03-5940-2451

ISBN978-4-315-52818-3